“工商融和”的食品专业人才培养模式创新及实践

邓少平　主编

浙江工商大学出版社

序 言

《中华人民共和国高等教育法》明确规定："高等教育的任务是培养具有创新精神和实践能力的高级专门人才，发展科学技术文化，促进社会主义现代化建设"；"高等学校应当以培养人才为中心，开展教学科学研究和社会服务，保证教育教学质量达到国家规定的标准"；"高等学校的教师、管理人员和教学辅助人员及其他专业技术人员，应当以教学和培养人才为中心做好本职工作"。人才培养是高校法定的中心工作，而作为高校教师，做好教学工作，提高教学水平，培养合格人才是法定的职责和头等的任务。

时代在发展，社会在进步，人才培养的要求在不断提高. 因此，教学的目标、方法、手段也必须随之改变。无论是学校还是教师个人都要不断地进行教学改革，努力提高教学水平，才能培养出符合时代要求的专业人才。教育部在2010年出台的《国家中长期教育改革和发展规划纲要》(2010－2020)中指出"提高质量是高等教育发展的核心任务"，要"牢固确立人才培养在高校工作中的中心地位，着力培养信念执著、品德优良、知识丰富、本领过硬的高素质专门人才和拔尖创新人才"，"全面实施'高等学校本科教学质量与教学改革工程'"。上述要求的落脚点就在于全方位的教学改革。教学改革从宏观到具体包括了人才培养理念、培养模式、课程体系、课程内容、教学方法以及与之伴随的教学条件、教师队伍等内容。因此，教学改革必然是需要全体教师不断思考和行动，逐步积累而取得成效的系统工程。

浙江工商大学食品专业人才的培养,历经几代人的努力和几十年的发展。应社会的需求,从20世纪“技术型”人才的培养,到21世纪初“技术管理型”人才培养理念与模式的研究与实践,都取得了丰硕的成果。近几年来,随着我国改革开放的深入和经济全球化的加速,我国乃至全球食品产业和食品市场的形势发生了巨大的变化,对食品专业人才的要求也同样有巨大的改变。结合学校“创新强校,特色名校,加快转型,跻身百强”的发展战略,依托学校经管类学科的优势,我院开展了“工商融和”的食品专业创新人才培养模式的探索与实践,广大教师结合自己的教学任务和工作特点,开展了多方面的教学研究与改革,目前已取得了不少的成果。

本论文集收录了35篇教学研究论文,既有对人才培养理念和特色的思考,也有对人才培养模式的探索及特色专业和教学团队的建设经验,还包括了课程教学内容、方法、手段的探讨及实验与实践教学的改革创新等。从多个层面、多个角度反映了我院广大教师积极投身教学改革的热情和取得的成效。

限于时间和编者的水平,本论文集的内容和编撰难免有不当和疏漏之处,敬请批评指正。

编者

于浙江工商大学教工路校区

2011.12.20

目　录

大众化高等教育的培养目标是什么？

——大学本科五件事

邓少平

高等教育的培养目标是什么？不同层面的学历学位教育的教育学分工是什么？大众化教育与精英化教育、职业化教育的核心区别又是什么？国际上经济发达国家已经为我们提供了许多成熟经验和借鉴，但由于国家体制及文化背景的差异，必须要我们自己去认识和探索。在多年的教育教学实践中，我们已经意识到，大众化教育培养目标最核心的特点有两个；首先培养的是普通的社会公民与劳动者，它们必须是有一定的职业能力，对个人及社会具有强烈的责任感；其次是有发展潜力的人才，具有个人个性化多样化的发展途径，适应社会经济科学技术的快速变化，是社会各行各业的骨干支撑和创新创造的主体。一句话，大众化教育首先不是为了单纯的、简单的就业职业培训，而是为了社会国民整体的基本的素质提升，为了学生个人人生长远发展的潜力空间构建，这是大众化教育的历史意义所在。

由于各种客观现实和历史背景，我们的大学目前乃至今后招生、组织教学，必须是以学科专业为背景为载体。而目前部分教学管理者与实施者通身浸染着纯专业教育、纯精英教育思维模式及教学模式，大众化教育似乎只是一种招生意义上的形式，而难以体现出其应有的内涵，即叫“数量上的扩招”，而不是教育目标本质上的变换。这也是目前高等教育界及社会各界对培养目标和教学质量评价众说纷纭的原因所在。

需要界定的是，我国高等教育应该明确分为三个层次：即以“985”或“211”学校为背景的精英化教育层，他们追求的是大众化教育背景下拔尖人才的培养；以高等职业及社区大学为背景的职业化教育层，他们追求的是高就业率的专门技能人才的培养；以及夹在其中的，也是层面最广泛的、培养目标最不清晰的普通高校大众化教育层，他们追求的目标是什么？这正是本文所讨论的对象。

目前突出的问题是，大众化高等教育应该怎样从历史的精英化高等教育脱胎而出，从而在培养目标、培养方式及培养环境等方面尽快适应这种历史变化，特别是让学生、家长、教师及社会等从精英化教育的热切期望中走出，实现真正意义上的大众化高等教育。而现代高等教育的三个基本事实也是众所周知的：一是大专业小学分，二是专业教育从上到下渐渐淡化弱化，三是学生发展就业的多样性个性化。这些极大地造成了专业教育与大众化教育人才培养目标的矛盾冲突。

十多年来，面对大众化教育的各种挑战，作者不断探索实践新型人才培养目标与模式，总结了一个对大众化教育培养目标的具体解读框架，即一个普通大学生大学本科期间必须努力去实现达到的五件事，归其一点即将人的教育与专业教育融为一体，在专业教育中实现人的教育。这既可以作为专业人才培养方案设计的指导思想，也可作为大学生本人本科四年学习生活规划的理想目标，更有利于形象地而不是抽象地向不同层面不同类型的人群解释大众化教育的培养目标与培养方式。

一、夯实一生发展的科学基础与人文素质

由于社会历史的发展，现代大学教育从传统的“纯专业教育”走向宽口径、厚基础、强素质、重能力的“发展型教育”，这也是大众化教育的主题。它体现了现代本科教育的特点和目标，体现了现代社会发展对社会劳动者的最基本要求，重在快速适应性，重在多样化发展潜力，重在社会责任感的建立。但要实现这一点，必须要在大学本科阶段构建厚实的学科基础与人文素质。目前对我国高等教育的各种诘难，甚至包括“钱学森之问”，一个非常重要或直接的原因，就是大学本科阶段学科基础教育与训练不断在削弱。以理工科为例，其数学、物理、化学、工程学等基础课程的学分课时，无论是绝对的教学课时还是相对的学时比例，相比于早期或目前国外的同类学科专业教学计划均明显减少。

我们都清楚，知识的类型在教育学意义上有两类，一类是硬知识，必须按照其内容体系结构层次，循序渐进按部就班地去学习、去训练、去理解、去掌握。光表面浅显地浏览知道是不行的，还得练习、解题、实验等，哪个环节卡壳，就一定过不去；而另一类是软知识，或叫做检索性知识，通过检索浏览阅读，逻辑思维关

联,就容易掌握。现代信息的网络化,为快速获取或掌握此类知识提供了极大的便利,减少了人们对此类知识学习记忆的依赖性,需要用时随手可得。对于大多数人来说,前者的教育决定了他一生的命运,离开大学本科阶段,是无法在其他的后续阶段去弥补的,哪怕是硕士及博士阶段。在这个意义上,一个民族厚实的科学基础和人文素质,才是民族的核心创造力。大众化教育时代的来临,为提高整个民族的素质创造了历史的机遇,但这个机遇不是靠几门科普式课程或通识课程可以快速实现的。专业可以淡化,也必须淡化,但科学基础不能淡化,人文素质不能淡化,还必须更加强化,以形成学生一生发展潜力的基础。

我们经常说我们正处于一个浮躁的环境中,或许正是因为科学与人文素质的不厚实,所以极易浮躁投机,避实求虚。在这个意义上,在培养厚实的学科基础和人文素质过程中,训练学生勤奋刻苦、坚韧务实的科学精神和科学思维,就更具有重要的社会意义。

二、构建一生自信的系统专业体验力

我们经常碰到的一个诘问是:既然大学本科是大众化教育,强调的是素质教育与通识教育,那么为什么还要系统的专业教育?还有人认为学生也许今后并不准备从事自己所学的本科专业职业,还得勉强去考一门一门的无聊课程,为的是得到大学本科文凭。这个问题的另一种提法是,专业学科教育在大众化教育中的地位作用意义究竟是什么?

对此,其实是我们并没有真正理解大学本科特别是大众化教育的真义。正如后文将要论述的,大学本科教育的目标其实是培养学生一生受用的自我主动学习能力,以适应快速变化的社会的职业变迁与发展空间。这种自我学习能力的形成,除了必须以厚实的科学和人文背景作基础外,一个重要的环节是必须依赖一个特定的学科专业进行完整剖析,建立自信的系统专业体验力,完成学生认识解决实际问题的能力训练,来快速地适应不同专业技能的学习,实现学生能力培养的完整性。专业教育并非是职业教育,专业教育仅仅是学生能力培养训练的一个载体,培养学生适应不同职业的能力,而职业教育仅仅训练学生具有胜任特定职业的能力,精英教育是培养学生在一个领域内具有极强的创新创造能力,这就是大众化教育与职业化教育、精英化教育的核心区别。

任何一个学生,不管怎样,今后必须走向社会,走向社会的一个具体的专业职业岗位,作为自己谋生发展的基本手段。现今社会发展快速变化导致每个人的职业自我选择都存在不确定性和易变性,这就需要具有主动适应不同职业岗位的能力。但是我们在大学本科或研究生的"大专业小学分"有限教育时空中均不可能穷尽不同的专业学科背景,或许我们能够培养学生对不同专业职业的一种共识性能力,我们把它称为专业体验能力,即快速适应不同的某特定职业岗位的能力。大众化教育离不开一个特定的专业学科,但却不能局限于一个特定专业学科,这就是大众化教育中专业教育的位置和意义。

基础知识与专业能力的学习,在教学、组织方式上有很大的区别,前者强调的是知识的逻辑系统性,而后者强调的是专业问题的整体感悟力和解决力。知识型的科学基础教育由于长期积累沉积,形成了许多好的教学形式。因此,探索专业体验能力的教学方式,是现阶段大众化教育的主题。

专业教育是把有关内容有机地融汇成一门符合科学规律、认知规律、教学规律的课程体系。作为专业体验能力的培养,其目标是以特定专业学科作背景,辅以若干专业学科基础课程、核心特色专业课程为教学主线,配合专业实践、实习、设计、毕业论文等环节,并且在教学过程中大力倡导实践性教学、探索性教学,不仅建立对专业学科的整体认识,具有独立解决本学科一般性问题的能力,更重要的是形成将这种能力转移到其它相近专业学科并举一反三的潜力,以提高今后对专业或职业更换的快速适应性,或对多学科的交叉融合能力,这些正是我国高等教育的薄弱环节,也是今后更高层面上创新人才培养的重心。

专业体验能力应该是大众化教育的一个核心和更高的境界,同时也是形成自我学习能力的一个不可缺失的要素,学生只有在具体的专业训练中深入体验学科思维方式和问题解决规范,理解不同学科思维的特征与差别,积累体验专业问题类型解决途径的成功与失败,才能不断建立自己面对不同生疏学科主动学习实践的胆略和信心。

三、掌握一生享用的主动自我学习能力

现代社会是一个终身学习的社会,一方面科学技术快速发展;另一方面现代信息网络资源的发展,使得过去记忆性知识的传授显得并不那么重要,无论哪所大学,都不能以教会学生知识点作为大学教学的主要功能;此外每个人的职业发展也呈多样化,推动着每一个人奋发向前,谁能快速地适应这种变化,谁就比别人有更大的施展空间,因此,自我学习能力就显得至关重要了。在这个意义上,大学本科教育的核心目标就是训练学生的主动自我学习能力,对于学生个人来说,这是享用一生的财富。

在教育的整个层次体系中,不同阶段应该具有明显的主题目标,应该是严格

分工的,这一点却没有被人们所清晰认识。基础教育应该是启蒙教育和素质教育;大学本科则是基于科学基础教育训练及自我学习能力教育的层面,因为大多数人为了成为社会职业人,必须完全依赖于今后自我学习能力来不断更新完善自己;硕士生则是科学研究能力的教育与训练,掌握系统的科学研究与实验(工程)设计能力,能够独立地承担解决科学问题研究或工程项目任务;而博士生才是创新能力的系统教育与训练,原创性提出和解决学科领域的科学问题。虽然在不同层面都会有相互交织的内容,比如创新意识、知识积累等,但毕竟要区分主体的教育目标,才能做好教育教学的系统设计,这是教育工作者的历史责任。

怎样在本科阶段使学生逐渐完成从被动灌输到主动自我学习的转换,这一直是大学教育思想与方法改革的主题。长期以来,我国不同层面的教育方式均是以灌输为主,缺乏让学生主动学习的教学氛围,欣喜的是国外许多新的教育思想及方法已经开始引入到我国的教室课堂,如启发式教学、研究型教学、以问题案例为导引的教学、开放式考试等。自我学习能力的形成与提升,特别是主动的自我学习能力,应该包括开放的教学方式引导、厚实的学科基础和系统的专业体验力三个相互补充的要素,缺一不可。

四、确立毕生追求的理想与目标

由于基础阶段应试教育的社会环境,进入大众化教育的大学生,无论是自己及家长选报的第一志愿,还是被调剂的就读专业,大多数是模糊的,这导致学生对基础课及专业课学习的主动性缺失,专业思想不稳定、不清晰。自己进大学来学什么?将来出校门去干什么?自己追求的理想与人生目标是什么?不要说大一新生,甚至大四毕业生,乃至部分硕士生、博士生都是茫然的,作为学子,人生理想缺失,是我国整体应试教育的悲哀。

许多大学在新生入学及毕业时都会有职业规划或人生规划,但由于缺乏系统的知识背景及社会视野背景,这些规划也就类似于高中的一篇例行作文而已。一个人对于自己的理想与人生目标选择,取决于自己的兴趣和系统的知识背景视野,还有对社会经济科学技术发展机遇的特定理解,自然也会有偶然的机遇性等因素,而这些在应试教育的基础教育阶段是难以做到的,大学的学习生活环境,提供了这方面思考及追求的条件和氛围,其实也应该是大学本科、特别是大众化教育工作的一个主题和目标。

从我国教育及社会的客观现状出发,大学本科阶段,是学生人生价值观念塑造与提升的阶段,开始形成对事物真善美的判断力与欣赏力。通过对各种专业知识的系统理解,对社会、人生视野的不断开阔历练,以及独立走向社会的心理愿望,提升人生奋斗追求的境界愿景,开始萌动出自己值得毕生为之努力的理想与目标,这是人生开始成熟的标志,是对自己一生负责任的闪亮点。

职业不是人生奋斗的终点,而只不过是实现理想的社会载体。大学本科学习的专业,对于多数人来说,不等于自己今后的人生职业,而只是人生的一个起始。在今天的社会中,大学教育应该鼓励学生的多样化、个性化发展,学会梦想,学会追求,由学生本人决定自己人生的职业走向及最终命运。大学只是提供这种发展的环境,一方面通过专业学习形成自己的科学基础与人文素质;同时,通过自由更选专业、双专业、考研、出国等方式,明确自己的优势,扬长避短,塑造与提升自己的学科知识能力结构和核心竞争力,启动自己值得一生追求的人生理想与目标实现之航,这也是大众化教育与精英化教育的最大区别。

五、铸造一生理性的品格与个性

大学本科阶段正是人生的黄金时代,也是人生的品格形成阶段,大学生离开家庭走向大学,大多数人都是第一次开始集体生活,第一次融入到一个完全陌生的、完全独立的环境中。在某种意义上,独立生活的心理学习远比艰深的知识学习更有压力。尽管大家都把大学仅作为学习知识的场所和目标,其实大学一个非常重要的意义是为学生人格品格的成熟成长创造一个特定社会环境,正所谓从幼稚、天真、率性走向成熟、稳重、理性,实现一个学生向社会独立人的身份正常转换,这正是大学教育的意义所在。

未来的社会是一个激烈竞争的社会,也是一个不断变化的社会,迫切需要每一个社会人有开放的胸怀、合作竞争的能力。这对社会职业人的独立生存能力、适应能力要求越来越高,需要在面对各种冲突、突发事情等情况时有很强的承受能力,宽容包容不同的人与事,用一个词来概括即"理性"。学会理性,学会感恩,学会主动地关心别人帮助别人,养成健康向上的心理素质,这比什么都重要。结交志同道合的朋友,形成共享的社会关系资源,也就体现了作为一个社会个体,对自己、对家庭、对社会、对历史的一种责任感,为进入社会后承担更多更大的责任和义务奠定品格基础。

对教育的宗旨而言,所谓情商教育远比智商教育更重要,人的教育应该融合在专业学科教育之中,融化在素质能力的教育之中。学校通过班级活动、社团活动、社会实践与志愿者活动等,构成一种品格训练的环境氛围,也通过学生科技活动、专业实习设计论文、学生导师、班主任、开放的专业知识教学方式等环节,将教书育人体现出的具体的目标与效果,体现在每一个教师身上,这就是现代大学所承担的社会使命。

教育的基本规律是尊重人在成长过程中不同阶段不同类型教育的特征、分工和衔接,遵循人有多样性潜能的规律,不管是学校还是社会,都应该让具有各种发展潜能需求的人都能找到适合自己的位置,同时还应遵循创新人才成长的规律,创新人才的特质是好奇心、追求真理的执著、开放的思维和探究的能力,教育必须是保护和发掘人的这种潜质。我们经常议论着大众化教育的质量,这质量并不是学生考试的成绩或就业率或就业起点薪酬,而是学生今后适应和推动社会长远发展的能力。

教育是一个社会化的大工程,是民族历史发展的命运之本,需要社会的不同主体为之努力。本文所提出的问题,已经成为全社会关注的焦点,有不同角度的理解是正常的,但是需要不仅仅是一种理念上的突破,或者社会环境及教育体制的改革,更需要教育工作者在教育教学每一个环节实践上的突破。所以,怎样从一个具体的特定学科专业背景出发,走出传统精英化教育的范式,积极探索人的教育与专业的教育相融和的具有中国特点的大众化教育人才培养模式,关键核心是人才培养目标、培养方式和培养环境的清晰,在整个社会的层面达成共识、共力,这是目前高等教育大众化发展中的一个紧迫任务和历史使命。作为一种大众化专业教育教学模式的积极探索、思考与实践,期望本文的观点和做法能够有助于推进对这个问题更深入更具体的探索。

(作者为浙江工商大学食品与生物工程学院院长,教授,博士生导师)

大商科背景下理工类专业建设对校园文化建构的作用

顾振宇

文化是人类社会特有的现象，是人们社会实践的产物，是人们在社会历史实践过程中所创造的物质财富和精神财富。“文化”一词在西方来源于拉丁文 cultura，原义是指农耕及对植物的培育。后逐渐引申，把对人的品德和能力的培养也称之为文化。在中国的古籍中，“文”既指文字、文章、文采，又指礼乐制度、法律条文等。“化”是“教化”、“教行”的意思。现代大学是知识的殿堂，思想的乐园，其教书育人的核心功能是对“文化”一词最契合的注释。

20 世纪 80 年代初以来，随着文化热的兴起，校园文化越来越受到人们的关注。“校园文化”这一概念逐渐成为一个研究的热点。进入 21 世纪，随着社会对高校扩招之后如何提高办学质量、培养合格人才、争创一流大学这一问题的关注，高等学校应该具有怎样的校园文化更受到了人们的重视。用文化塑造人，已成为大学除传授知识以外的又一重要功能。

一、大学文化的定义与构成

1. 文化的层次论

文化是人类创造出来的所有物质和精神财富的总和。其中既包括世界观、人生观、价值观等具有意识形态性质的部分，也包括自然科学和技术、语言和文字等非意识形态的部分。其中，人类在社会意识活动中孕育出来的价值观念、审美情趣、思维方式等主观因素，即通常所说的精神文化、社会意识等概念是文化的核心。

文化解构的层次理论将文化分为四个层次。

(1)物态文化层——物化的知识力量。是人的物质生产活动及其产品的总和,是可感知、具有物质实体的文化事物。

(2)制度文化层——各种社会规范。包括社会经济制度婚姻制度、家族制度、政治法律制度、家族、民族、国家、经济、政治、宗教社团、教育、科技、艺术组织等。

(3)行为文化层——民风民俗形态。是人际交往中约定俗成的以礼俗、民俗、风俗等行为模式,见之于日常起居动作之中,具有鲜明的民族、地域特色。

(4)心态文化层——长期孕育而形成的价值观念、审美情趣、思维方式等,是文化的核心部分。

其实,在具体的文化形态上或文化表现形式上,因时间、空间的变化,文化的内部结构与层次往往是交叉的,比如物态文化本身就包含了高级文化、大众文化、深层文化的部分意义。因此,文化的层次论区分了文化的构成元素,但在内在关系上还有待深入探讨。

2. 大学校园文化的内涵与结构

校园文化既是一种文化现象,又是一种新的学校管理模式。广义的大学校园文化是指大学生活的存在方式的总和,其主体包括生活在校园内的大学生、教师和行政人员三大群体,它是具有高校独特性的文化类型。校园文化可以简单分为物质文化与精神文化两方面,也可以分为物质文化与精神文化和制度文化三方面,或可按上文进行四分。无论怎么分类,校园文化的核心主要是指精神文化,是在大学发展历史过程中形成的,反映了高校师生在生活方式、价值取向、思维方式和行为规范上有别于其他社会群体的一种团体意识和精神氛围。

上述几个层次的校园文化并不是相互孤立的,而是相互依赖、相互补充的。一定的精神文化的作用有赖于一定物质文化的保证。正如物质文化的建立有赖于一定观念体系的支配和支持一样。制度本身要有精神文化的内涵,而精神文化的倡导与开掘则是制度和规则的集中反映。精神文化深入到比制度更深的层次。我们常讲的学校的校风、校貌、学风等,都正是校园文化的自然体现。

从校园文化的内涵与组成来看,其内容不外乎校园及周边的物质环境,在此物质环境上活动的师生员工，以及由人在此环境上活动而产生的制度、心态等非物质的精神层面的衍生物。传统的文化层次理论把这些区分为不同水平层次的文化，这样的解构法从静态的角度看无疑是正确的，但文化本身是具有生长性的，是相互交融，互为支撑，是有机共生的。因此，我们应该用动态的、立体的方法来重新审视校园文化的结构。

校园文化的立体结构中，任何一个层级可以是独立的一维，我们可以设定校园的物质环境是校园文化的 X 维，其水平的好坏则对应了变量 X；学校人员设定为 Y 维，其规模、结构等对应变量 Y；X 维和 Y 维相结合形成了校园文化的基本面，在这个面上通过各种活动而形成的各种制度、产生的精神影响则形成了校园文化的 Z 维，其程度和水平对应变量 Z。X、Y、Z 三维围成的空间则形成了校园文化的立体空间；X、Y、Z 三个变量既为自变量，又互为因变量，任何一个自变量的变化，都会引起其他自变量及文化整体的变化。校园物质资源与环境条件可以影响师资的引进和团队的建设甚至影响到招生的水平，学校的人员水平则可以影响物质环境的改变及学校制度和人群心理，反过来亦然。因此，全面的规划与合理的操作在校园文化建设中尤为重要。校园文化同样是指学校长期办学所积累下来的物质与精神财富，所以文化又是时间的函数，是文化的第四维。但时间的变化不紧不慢，是人为无法改变的变量。在校园文化的建设中，我们可以努力去改变三维的立体空间，但必须遵从时间的规律，摒弃短期行为，放眼长远，特别是通过各专业的长期建设，使不同特征的文化进行碰撞、交流，最后融为一体，形成稳定的本学校特色文化。

二、理工科专业建设中的文化考量

专业建设是大学人才培养的基础，包括了教学理念、培养目标、师资队伍、课程体系、教材教法、实验实践、学生管理等具体内容，在专业建设的过程中，重视理念、制度、团队、方法、条件等的研究与创新，对形成先进的大学文化，培养优秀的专业人才，会起到重要的作用。

1. 目前理工科专业建设中存在的文化缺陷

由于我国长期以来学生文理分科现象的存在，进入高校的理工科学生科学知识多，而人文修养少；进入大学后专业知识学得多，为人处世学得少；逻辑思维能力训练多，形象思维与情感训练少。长期的专业化训练，使学生对社会问题的领悟能力和语言文字表达能力严重弱化，影响了学生职业的可持续发展。

这些问题的存在,与大学工科专业的人才培养目标及教育方法中对大学文化的忽视直接相关。目前,大多数工科专业在教育教学上急功近利,重视实用而忽略了人文精神的培育,学科口径变窄,过分强调就业率导致专业化趋向职业化,由此进一步造成了学生“重物质、轻精神,重利、轻义”的功利主义思想。不少学生在日常学习生活中表现出自我意识强、自律能力弱,自由意识强、公德意识弱,生活要求高、自理能力弱等明显的人格与能力缺陷。

目前理工类专业的培养目标以考研和就业为主导,课程设置以大量专业课为主体、教学内容缺少人文思想、教学方法重灌输少实践等。这种短视的做法不可避免地造成了上述这些问题,因此理工科专业的改革已刻不容缓。

2. 我校理工类专业建设中校园文化特色的体现

浙江工商大学是一所以“商”为核心、经济管理为特色的高校,经管人文类专业占据了主导地位,其校园文化不可避免地呈现出强思想、重个人、多色彩的特征。然而,由于历史的原因,学校还开设了不多的理工类专业,其中还不乏历史悠久、积淀深厚,在国内颇具影响的老专业,如食品生物类、信息电子类专业。这些专业无论理论基础还是实践方法都与人文类专业迥异,体现出了重逻辑、重实践、重配合的文化特征。这种文化很好地弥补了经管人文类专业文化的单边性,很好地体现了大商之“大”、大学之“大”。

(1)提升人才培养的理念和目标:改革开放30多年来,我国的高等教育已经发生了巨大的变化,精英型人才培养已走入大众型人才培养,知识型人才培养已走向创新型人才培养,国内型人才培养已走向国际接轨型人才培养。在这样的大趋势下,以往以掌握专业理论和专门技术,服务专业性行业的人才培养理念已然无法适应社会的需要,同时也不符合人才多空间成长的职业发展需要。使学生成为一名具有宽广视野和成熟心态的社会公民和可持续发展的专业人士才是当今育人之道。因此,“基础理论实、专业口径宽、工程能力强、综合素质高”应该是理工类专业人才培养的目标。

(2)拓展“工商融和”的校园文化:浙江工商大学作为一所百年老校,成立之初就是以培养商业精英为办学宗旨,学校“诚、毅、勤、朴”的校训,影响和激励了一代又一代学子。这一百年中,也扎扎实实地为社会培养了大批的商业人才,在浙商队伍中涌现出不少杰出的校友。有趣的是,在当年的理工类毕业生中,成为商界巨子的比例还很高。分析他们的成功经历不难发现,尽管学校当年经管类人才的培养与理工类人才的培养几无交集，但在潜移默化中，不少理工类毕业生也获得了“商”文化的熏陶，结合自身的理工技能，通过“工商融和”，在商海中大显身手，取得成功。事实充分说明，“工商融和”的校园文化对我校理工类人才的培养可以产生巨大的促进作用。

(3)改进人才培养的模式：基于上述理念、目标和文化实践，我们极其有必要改革以往理工类人才培养以理论知识灌输和专业技能训练为核心的单一培养模式，形成以知识、能力、素质为主导，以技术、管理、创新为主线，以交叉、灵活、个性为特色的一体化培养新模式。

(4)改革课程知识体系：当今社会，经济全球化之势已无法阻挡，产业的发展态势已显现典型的“微笑曲线”，研发设计和市场经营高居产业盈利的两端，而生产制造只能获得产业盈利的小头。对于理工类专业人才，以往的培养理念只能使少数人真正成为研发设计型高端人才，大多数拥挤在生产制造环节而无法体现其价值。在目前乃至今后的社会环境下，让理工类专业人才学习掌握更多的人文知识和经济管理知识，成为懂技术的经营人才或者是懂经营的技术人才，这将大大提升人才的发展空间和成功高度。我校以“商”立校、以“商”名校，完全有必要也有能力进行这样的改革。

(5)提高师资队伍的整体素质：无论是专业建设还是校园文化建设，人永远起着主导作用，尤其是教师。古人云“师者，传道、授业、解惑者也”，“教，上所施，下所效也；育，养子使作善也”，说明教师不仅在专业技能上，而且在为人处世上其言行举止对学生的影响之大。高校教师大多是本专业的专家，但过细的专业分科也造成教师在知识上的“专而不博”。因此，在理工类专业的建设中，提高教师队伍的人文素质，加强教师特别是中青年教师的知识多元化具有重要意义。在提高教师的人文素养、教育素养的过程中，贯穿“三全”育人的责任文化，塑造团结、协作、交融的文化氛围，从而在专业教育的过程中实现文化育人的目的。

(6)打造社会化实践教育平台：社会是最好的学校，增加学生接触社会、接触企业的机会，对学生自身角色的定位和社会责任意识的强化是极为有效的方法。因此，应该有计划、有目的地运用多种形式组织学生深入社会，深入生活，通过社会实践，了解到自身的不足。理工类专业可以依托自身的科研优势和行业影响，联合地方机构、行业企业共同打造紧密的学生实践教育平台。我校可以利用在“商界”的影响力，结合校友企业的发展，成立学生实习实践基地，使学生更直观地懂得社会需求、市场趋势、政策管理、产品战略等课堂上涉及较少的知识。

总之，通过专业建设中物质环境的优化，制度文化中理性与人性的融合，行为文化的规范，强化校园文化的建设和影响，形成以责任为核心的精神文化。

三、大学文化对优秀专业人才培育的作用

1. 塑造正确价值观

大学文化的核心是教育思想和办学理念，体现了一所大学的本质功能，决定了一所大学办学的价值取向和目标追求。优秀的大学可以从思想、行为等各方面引导师生自觉地从人类、社会和历史的高度去实践教与学的任务，塑造正确的世界观和价值观，从而培养出具有人文情怀和社会责任的专业人才。

2. 促进系统科学思维方式

优秀的大学文化无论对教师还是学生都可以促进思维的系统性、科学性、创造性；提高发现问题、分析问题和解决问题的全面性、灵活性和思辨能力。

3. 形成良好的行为习惯

校园文化具有无形却强有力的行为规范和影响力，在良好的制度文化的训导、熏陶下，可以促进良好教风、学风的形成，使学生养成良好的行为习惯，成为文明、守法、尚德的一代新人，从而更好、更快地融入社会，成为社会的中坚。

参考文献

[1]史洁，冀伦文，朱先奇. 校园文化的内涵及其结构[J]. 中国高等教育，2005(5)：84—85.

[2]夏斌. 解读“校园文化”[J]. 教书育人，2011(20).

[3]宁进. 论大学文化的作用[N]. 光明日报，2011—11—20(7).

[4]胡家保. 试论当前工科院校人文素质教育实施对策[J]. 经营管理者，2010(2).

（作者为浙江工商大学食品与生物工程学院党委书记，食品科学教授）

从"生产工艺教育"转向"产品设计教育"

——"工商融和"的食品专业卓越工程师新培养模式思考

邓少平

社会经济快速发展促进了高等教育大众化阶段的到来,教育传统的失落及培养目标和培养环境的失衡,又导致人才培养与社会需求的严重脱节,我国工程技术人才的培养教育正逐渐成为一个突出的社会问题。针对这种现状,教育部2010年6月启动卓越工程师培养计划,试图以实施卓越计划为突破口,促进工程教育改革和创新,全面提高我国工程教育人才培养质量,促进我国从工程教育大国走向工程教育强国。

近年来,人们已经逐渐认识到,不同行业工程人才的特定需求是不同的,存在着不同的教育模式和培养目标。中国工程院院长潘云鹤多次提出,中国必须高度重视下列三类工程人才的培养,第一类:理论+技术实践+新技术在本专业的应用,能技术交叉创新;第二类:理论+技术实践+创新设计,能进行产品创意设计开发出新产品;第三类:理论+技术实践+市场创意与经营能力。而且特别强调第二和第三类工程技术人才,在市场经济时代非常重要,因此工程教育和商业教育之间具有十分密切的联系。

根据工作内容的性质和目标,企业工程师岗位划分为以下五类:销售服务工程师、技术服务工程师、生产工程师、技术转化工程师、产品研发工程师。在新的社会需求背景下,怎样根据不同高校的特色和优势,探索不同类型工程人才的有效培养模式和培养目标,是当前教育工作者的历史任务。

传统的工程教育是纯粹技术主义教育,作者所在的浙江工商大学食品学院十年前探索实践了食品质量与安全专业技术与管理相结合的工程人才培养模式，由纯粹产品检验技术的教育转变为生产过程控制与预防监管技术与管理相结合的教育，找到了培养目标和创新模式的灵魂与核心，不仅为广大食品企业提供了优秀的技术岗位及管理岗位人才，同时能更好地适应有关政府事业单位相应岗位的要求，取得了比较好的效果。但是，从2007年开始，我国高等教育和社会经济发展的深刻变化，促使我们不断思考、探索和实践，即如何在市场经济快速发展及大商科氛围背景下，顺势而为，创新食品类专业工程教育，构建工商融和人才培养新模式，这是本文探讨的主要内容。

一、不同类型高校食品专业人才培养目标与环境的差异化

近年来，我国食品工业快速发展，在国民经济及社会生活中的地位越发显得重要，对人才需求的迫切程度越来越高，设立食品工科专业的高校越来越多。目前我国开设食品专业的本科高校有250所以上，分布在不同的学校类型和层次，由于历史及学科背景原因，形成了人才培养的不同模式及特色，这种人才知识与能力结构的多样性，不同程度满足着我国食品行业各方面对人才的差异化需求。

轻工类高校具有传统的工程教育背景，学科历史悠久、基础扎实，相关专业配套齐全，呈现了典型的行业支撑特征，学生工科训练完备，适宜于工艺与装备工程师、产品研发工程师的发展，以服务食品制造业为主。

农学类高校形成食品工程教育的体系较晚，具有系统生物学基础训练，对食物的生产贮藏保鲜教学实力较强，基于食物的基本类型学科背景扎实，适宜于工艺工程师的发展，以服务食品加工业为主。

综合类高校食品工程教育体系的建设也相对较晚，化学与生物学基础系统训练扎实，营养学教育背景和科学研究方法训练完备，适宜于产品研发工程师的发展，以服务不同的食品产业类型。

商科类高校食品学科历史悠久，基于商品学发展而来的食品工程教育体系，化学分析与卫生检验的系统训练扎实，适宜于质量与安全工程师的发展，以服务不同的食品企业类型和政府质量监管部门。事实上，从20世纪中期以来，副食品（主要是指除粮食等所谓主食外）及相关专业就一直设立在商业部门直属的商科类院校，隶属于商品学范畴，食品作为快速消费品，其生产与流通，一直与市场经济及商业密不可分。

卓越工程师计划国家标准及行业标准框架中，只是对工程师的层次类型做了陈述，即应用型、设计型、研究型，并限定于分别对应于本科、硕士、博士的教育层次，完全没有从同一行业内、不同学校背景的教育教学优势出发，或从同一行

业内工程师类型的多样化事实和需求出发，界定不同工程人才类型的培养目标与方式，这正是我们在实施卓越工程师计划时所遭遇的挑战。

二、从“生产工艺教育”转向“产品设计教育”：工商融和培养目标的历史实现

现代工程教育的核心原则是，培养思维开阔的学生，从事跨学科研究与集成整合，基于产品设计生产营销为核心，在理论、实验和实践之间达到平衡，在技术、市场、经济及社会责任之间达到平衡。我们所期望能够理解的是：这一原则怎样在食品工程技术人才培养模式的构建与实践中具体表现呢？

目前食品产业与市场对人才需求的转变是：高科技管理水平的跨国大公司对本科、硕士层面需要营销工程师、技术服务工程师和生产工程师；国内一般大中型食品企业则迫切需要营销工程师、技术转化和产品研发工程师；中小型的食品企业则需要营销工程师和产品研发工程师，这些企业的所谓研发，主要是仿制和创新，核心是新产品设计。越来越多的中国企业认为，针对一个特定产品规范生产在技术上已经没有什么难题，关键是针对市场变化趋势的新产品设计研发，特别是中长期的新产品技术贮备，尤其是要求具有全过程产品设计研发经验的现代创新型人才。经济学的微笑曲线表明，生产利润是最低的，而利润主要集中在产品设计研发和市场营销，所以具有市场能力和意识的工程技术人才是社会最需要的。

我们认为，这些变化必然影响到我国高校对食品人才培养目标和模式的变化，即必须在教学内容和培养体系上实现由“生产工艺教育”转变为“产品设计教育”，即怎样从市场需求趋势背景中设计食品新产品？基于食品新产品为导向为核心的行业思维和逻辑，将食品生产设备、工艺、配料、控制、品质变化、监控、物流等系统集成整合为新产品设计服务，是特定历史时期对食品专业人才培养的基本要求。

培养模式从“生产工艺教育”转向“产品设计教育”，这种转变具体表现在以下几个方面。一是教学教育内容的重心从“食品产品”转变为“食品商品”，因为“食品产品”只要按既有的产品技术标准、设备、工艺及原料组织生产，并符合相关质量指标就可以组织生产；但“食品商品”必须在“食品产品”的基础上，能满足适应消费者和市场的需求及变化，否则就没有经济意义，这样也可能会突破现有技术的潜力，推动技术进步与创新。二是教育教学的范围由“工艺怎样做”拓展

到"寻求做什么",就必须充分考虑以市场和消费者需求为目标,涉及食品消费心理、食品感官风味、市场营销、产品市场定位等内容,而这些正是商科类高校的特色优势。三是教育教学的方式,从"产品生产工艺技能灌输"转向"产品设计体验实践",通过一系列理论和实践教学来完成这个转变,其实也就是高校食品人才培养服务社会、适应经济发展的具体体现,是市场经济发展的必然。

从"生产工艺教育"转向"产品设计教育",即是从"生产食品产品"转变为"生产怎样的食品商品",从"HOW TO"转向"WHAT TO",创新了基于食品商品为核心的工商融和的食品卓越工程师的人才培养模式,这既反映了食品产业的历史发展变化和必然要求,又顺应了社会经济发展对高校人才培养的客观要求,培养以新产品设计为核心、工商融和的卓越工程师,培养具有国际视野、国际能力和国际竞争力的国际化人才,培养具有市场战略理解力与运筹力的企业高层发展潜力的工程领导力的工程技术人才。这一转变,充分体现了作为工科的食品专业与经管类商科紧密联系和相互融合,及其对食品专业卓越工程师培养的重要意义。

从怎样生产转向设计怎样的食品,即理解市场需要什么?生产以后如何营销如何流通,即如何适应消费者需求?如何理解从消费需求出发创造设计新的食品产品商品形式和流通消费方式,每一个环节都必须具备市场和经营管理的能力,而以经管类大商科背景的高校为该类食品工程人才的培养提供了得天独厚的优势条件。

三、工商融和工程人才培养体系设计的四个原则

工程人才培养体系设计的原则是,遵循工程的集成与创新特征,以强化工程实践能力、工程设计能力与工程创新能力为核心,重构课程体系和教学内容,着力推动基于问题的学习、基于项目的学习、基于案例的学习等多种研究性学习方法,加强学生创新能力训练,加强跨专业、跨学科的复合型人才培养。我们立足于大商科的教育环境和氛围,充分整合商科教育与工程教育的资源,以专业工程教育为基础,围绕以下四个基本原则,努力探索工商融和工程人才培养的可行途径。

1. 商科核心氛围建设原则

发挥商科高校的经管商科教育的优势和特色,通过在学科基础平台课程中增设并建设专业相关经济学管理学必修课程、模式选修课程及专题报告讲座等,通过校园商科文化的主动渗入,去形成工商融和工程教育的核心氛围。

一个核心商科课程组由应用经济学原理、食品产品设计原理、食品品质学、食品感官科学、食品企业管理、食品工业经济学、食品物流学等课程构成。其中大部分课程是我们与校内外不同经管类学科教师长期合作建设起来的，特别是食品工业经济学是在国际上首先提出来的。它是基于一个产业的整体结构视野和历史演化视野，研究食品工业发展的经济学环境和引导食品产业发展的社会背景及食品产品类型间的相互竞争与相互促进规律，培养学生对经典品牌食品产品兴衰成败的感悟力，提升学生的专业品味与境界。此外，食品感官科学、食品品质学课程在国内我们也是第一个开出。

以产品工艺、设计、市场模拟等实践环节及不同层面的创新创业教育方式，培养学生对市场的战略敏感力及理解力，形成人才的核心竞争力。通过由构思、策划、模拟、运作四个环节构成的全程创业教育新模式，其主要思想就是大力加强本科教学中创新创业理念的渗透，规范创业教育课程的教学与管理，积极建设创业教育第二专业和辅修模块，完善大学生创业教育的课程教学体系。

2. 专业体验力迁移原则

工商融和的工程人才教育是在大众化教育背景下的一种教育探索，而大众化教育的一个突出特点就是强调人的教育与专业教育的融合，特别是对于食品专业来说，在有限的教学时限内，教育的内容不可能也不必要涵盖众多的产品类型，这就涉及专业教育形式与内容的改革。我们提出了专业体验力和专业体验课程群的概念，将一个产品的生产工艺与装备、产品质量检验、管理与安全、产品流通与贸易、产品消费与经验、产品创新设计、产品工厂生产线生产实习等整合起来深度剖析完整体验，突出构建一个以典型产品或技术为核心的专业体验课程教学模块及教学训练模式，培养学生的专业体验力和知识能力的迁移能力，来实现有效的经济可持续发展工程教育。教育学中经典的结构课程论提出了知识结构论和学习迁移原理，知识之间都是有联系的，知识之间的联系就组成了知识的学习结构。学习者学到的知识基础性越强，专业学科体验越深刻，迁移性就越大。学习的主要方式就是从一个典型系统入手，实现专业原理、专业技术方法、专业思维习惯的建立，形成向不同专业系统类比分析理解与迁移的能力。

尽管专业要淡化，但基础不能淡化，而应该加强，专业思维的教育更应该加强。强化学科基础与人文素质基础教育，改革课堂教学方法，以启发式、讨论式、实践式作为主体教学手段，培养学生的主动科学思维与创造能力，提供学生多样化个性化发展的潜力空间，体现了现代大众化教育的目标特点。食品学科的学科基础课程组由数学、物理、化学、生物学、工程学等构成，要有足够的学分与课时比来保证学生的学习深度和质量。此外，强调综合化课程体系的建设，构成不同层面专业实践训练的系统性，像生产工艺大实验、产品设计实验、企业沙盘模拟实验、生产工厂实习等专业体验课，通过实践形成行业思维能力、适应能力与扩展能力。

3. 国际化视野原则

面向工业、面向世界、面向未来，培养造就一大批创新能力强、适应经济社会发展需要的高质量各类型工程技术人才，为建设创新型国家、实现工业化和现代化奠定坚实的人力资源优势，增强我国的核心竞争力和综合国力，是现代教育的努力目标。我国经济的全球市场化，是现代工商融和工程人才培养的历史机遇，相比于其他工程人才的教育，必须具有较高的国际视野、国际能力和国际竞争力。

国际化视野并不仅仅是学生具有语言交往能力，通过基础英语专业英语的学习来形成，而是要把学生的专业学习放在一个国际化环境。积极推进学生的国际化培养，要积极引进国外先进的工程教育资源和高水平的工程教师，要积极组织学生参与国际交流，熟悉多元文化环境，熟悉行业国际贸易态势与规则，熟悉国际商业法律和国际技术标准，到海外或跨国企业实习，拓展学生的国际视野，提升学生跨文化交流、合作能力和参与国际竞争能力，培养国际化的工程师。

4. 工程领导力目标原则

工商融和工程人才的教育目标定位为工程领导力发展潜力，这是与其他工程人才培养目标与培养方式上所不同的突出特点，强调的是培养学生对市场的战略理解力和运筹力。工程领导力被定义为"为满足顾客和社会需要，通过技术发明对新产品、新进程、新项目、新材料、新分子、新软件以及新系统创新的构思、设计与实施的技术领导力"。领导力框架的四种能力为：认知——对周围世界的认知，对所处环境的理解；联系——发展组织内外成员的关键联系；愿景——对未来勾画美好憧憬；创新——设计新的方法协同实现愿景。我们所定义的市场营销工程师，不是通常意义上的销售员，训练的不是营销技能，而是对市场的技术领导力，所以全部课程和训练的设计是围绕着这个核心展开的，如食品产品设计原理、食品工业经济学、食品企业管理等课程。

工商融和工程人才培养一般是定位于一个本科教育层面的构建，在本科基础上奠定学生今后发展的潜力和定向，同时充分发挥商科高校的优势资源和特色氛围，将其培养理念和方式贯穿于硕士及博士教育层面，在硕士和博士的学位课程中嵌入一定的科目和训练，与本科教育相呼应，不同层面分工、连贯与融合，以达到就读学校特色氛围的染缸作用，增强未来高层次人才的适用能力和发展潜力。

食品工科学生今后的职业定位，无疑是面向大众快速消费食品产品行业及相关部门，发展成为生产、技术及市场开拓与管理的骨干人才中坚力量。随着我国经济的快速市场化与国际化，相比于其他非直接消费产品型行业或技术，对工程技术人才的商业和市场战略意识具有较高期望，这一切构成了我们新型工商融和工程人才培养教育的社会基础，而经管类优势的传统商科院校，则为这类教育的实施创造了天然的优质土壤氛围，也是形成此类院校教育新特色优势的历史机遇。我们努力将这种思考贯穿于食品科学与工程、食品质量与安全两个本科专业人才培养教育教学的全过程中，并从我院的历史传统及师资资源优势出发，分别以畜产品加工和肉食品卫生检验作为专业体验课程组来实践工商融和教育思想。

当然我们所提出的问题，或许是许多消费类产品工程技术人才培养的共性问题，也是我国社会经济快速发展所提出的具有时代特点的教育问题。我们期待着随着理念探索和教育实践的不断深入，随着社会不同学科教学资源的整合和优化，工商融和工程人才将会脱颖而出，在我国社会经济发展历史进展中发挥出应有的使命。

（作者为浙江工商大学食品与生物工程学院院长，教授，博士生导师）

新时期"食品质量与安全"专业人才培养模式的探索与实践

韩剑众

自2002年教育部批准设立"食品质量与安全"表外专业以来，短短10年，全国已有150多所普通高校设立该专业，加上高职类院校，估计全国设立该专业的学校总数在300所以上。除传统的轻工类、商科类、农业类院校依托学科背景和行业特色较早设立外，最近几年，一大批师范类院校、医药类院校和综合性大学亦纷纷开设本专业。浙江工商大学食品质量与安全专业的前身，是当时全国唯一设立的本科"食品卫生与检验"专业，前后已有50多年的专业建设经验，为国家培养和输送了大批专业人才。"技术管理型"食品质量安全人才培养模式的创新与实践，获得2005年国家教学成果二等奖，为国家食品质量与安全专业的人才培养实践做了有益的尝试，取得了较好的社会效益和声誉。随着社会经济的快速发展，社会对食品质量与安全专业人才的需求发生了很大的变化，如何根据社会需求不断创新培养模式，满足学生个性化的成长，满足不断变化的新时期食品质量安全人才需求，是专业教学必须认真思索而且不容回避的根本问题。对此，我们在建设国家特色专业的过程中，做了有益的探索和尝试，取得了初步的经验。

一、明确专业社会需求特点及发展趋势

通过对国内外不同时期食品产业及食品安全问题的演变轨迹，以及食品工业生产模式的变化研究，发现由于急速的工业化和城市化，食品生产已由传统的"农业生产资源引导驱动型"转变为"市场需求引导驱动型"，传统的资源驱动型

是“有什么，加工什么，卖什么”，而现代的市场需求引导驱动型则是“市场需要什么，整合全球资源生产什么，哪里需要，就生产到哪里、卖到哪里”。现代市场需求引导驱动型食品生产模式，使得食品产业国际化、食品商品全球化、食品安全问题复杂化、社会化和科学化；世界上不管哪个国家、地区，食品质量安全问题总是与其经济社会发展的水平相适应。事实上，我国食品质量与安全问题的演变和食品产业模式的发展过程，差不多与欧美发达国家有着完全一样的历史轨迹，以沿海发达地区和全国大中城市为例，基本经历了三个不同的时期：20 世纪 90 年代以前，食品产业基本处于传统的资源引导和驱动型，食品安全问题主要集中在食品产品本身，即食源性微生物污染和腐败变质（食品卫生微生物检验），肉食品的卫生检疫（肉品卫生病理学检验），质量问题主要是常规营养素的检测（理化检验）；20 世纪 90 年代初到 21 世纪初的 10 年，应该是我国经济社会快速发展变革的时期，资源引导和驱动型食品生产模式向现代食品生产的市场需求驱动型转变，以市场为导向的食品商品生产涉及食品原料贮运、加工、食品添加剂、流通、保鲜，特别随着生活水平和消费水平的提高，消费者对食品的食用品质有了新的要求，食品安全问题表现为：对食品的各种污染、各种残留（农残、兽残、重金属及各种环境毒素等），而质量问题则主要为食用品质及其评价问题（口感、营养与健康保健），针对这一时期的食品质量与安全特点，我们提出了基于食品生产过程质量安全控制的核心思想即“过程控制、预防管理”，这一观点立即成为当时乃至现在我国食品行业及政府有关食品安全管理的基本思想。进入 21 世纪，随着我国开放的深入全面，大型跨国食品企业的相继进入，市场需求驱动型的食品工业生产模式占主导，食品安全问题表现为影响食品产业链的所有因素，如生态的、环境的、社会的、经济的、法律的、科学的以及与人类健康相关的各种联系，而且更进一步凸现出社会化、国际化和科学化的本质内涵。

浙江工商大学一直是国家食品质量安全人才培养的重要基地。1998 年以前设有全国唯一的“食品卫生与检验”专业，教育部本科专业调整以后，原专业并入“食品科学与工程”专业成为一个专业方向。2002 年经教育部批准建立“食品质量与安全”专业。经过 10 年的建设发展，我校的“食品质量与安全”专业，获得了社会、行业和同行较好的认可。2003 年，我校“食品质量与安全专业”作为教育部指定的社会热点特色专业，中央电视台实地拍摄了专题片《食品质量与安全专业教育》，在国际频道和其他频道反复播出，在国内外产生了较大的反响。2007 年，中央电视台《走近科学》栏目，以我校食品质量与安全专业食品感官科学实验室为背景，拍摄了系列片《舌尖上的舞蹈》（共 6 集，每集 30 分钟）。该系列片的拍摄播出，探索出了一条精品课程面向社会、科学研究与科普宣传相结合的新路。

面对新的形势，新的挑战，如何创新专业培养模式，满足新时期食品安全国家战略以及区域经济社会发展对食品质量安全人才的需求，是我们义不容辞的责任和担当。

二、提出新时期食品安全专业培养目标

食品质量与安全专业不仅是一个典型的交叉学科，而且通过社会需求特点、历史演变及发展趋势研究，新时期食品安全问题更是凸现出社会化、国际化和科学化的本质内涵，这促使我们认真审视原“技术管理型食品质量与安全专业人才培养模式”(该成果 2005 年获国家教学成果二等奖)在后现代食品生产模式下的局限性，尽管在此模式下，培养了大批“精食品、强检验、善管理”三位一体的食品质量与安全专业人才，满足了 21 世纪初社会迫切需要的“既掌握检测、检验技术又具备食品安全过程控制及监管能力的技术管理复合型食品质量与安全专业人才”。但如何继续引领国内专业发展，满足变化了的人才需求，便要求我们必须提出新时期食品安全专业的培养目标，以及构建与培养目标向适应的培养模式、核心课程体系。

连续 10 多年的大学扩招，理论上，除“985”及部分“211”高校外，普通高校已基本完成从精英教育向大众化普及教育的转变，无论从学生的个性化、多样化还是毕业后出口渠道及就业的多样性看，大学教育必须回归它的本质，即个性化的培养，先“育人”，再“成才”；但在现实制度安排下，食品质量与安全专业如何实现个性化的培养，我们认为，基于食品安全问题已不完全是其产品(点)或生产过程(线)本身的问题，已涉及整个食品产业链(面)的问题，为此，从 2009 年开始，积极探索并形成了面向食品产业链的“工商融和”，以彰显学生个性化发展为核心的人才培养目标，充分利用商科类院校的特色背景，结合食品商品的社会消费特征，培养学生在国际食品产业视域下，工程思维、科学思维和系统思维的能力，体验食品作为特殊商品的商业背景、研发背景和社会背景，为学生的进一步成长及社会对食品质量安全人才的需求打下坚实的基础。

三、构建专业核心课程体系与彰显个性化发展的实践平台

以体现现代高等教育的思想，形成具有特色的、优势的专业教育为目标，构建“工商融和”的核心专业课程模块。即在原四大食品检验课程和四大食品安全

的过程控制和预防管理课程的基础上，开设四大商科经管类模块课程即"食品工业经济学、食品消费科学、食品企业管理和食品市场营销学"，使学生了解并体验食品商品的商业运作与市场规律，从食品商品的创意、设计、实现和操作全过程分析探究食品质量与安全问题及其可能的影响因素；该专业课程体系在传承原"食品检测与管理"主干课程的基础上，优化设计，融入了商科经管类课程，既体现了21世纪工程教育培养卓越工程师的教育理念，明确了在大商科背景高校食品专业人才培养的发展方向，又凸现了学科和专业的行业特色和定位，以商科院校为特色背景，从食品商品学的角度，以食品商品的品质、安全、流通、消费作为学科发展和教学组织的核心，围绕食品消费的健康营养等基本科学问题，形成了具有突出优势和鲜明个性的专业特色。学分结构比例合理平衡(3：4：3)，规范了课程名称及大纲内容，体现了"工商融和"，以学生个性化发展为核心的综合型人才必备的知识与技能结构，一些专业核心课程如《食品感官科学》(国家级精品课程)、《食品品质学》(省重点建设教材)、《食品安全快速检测原理和技术》、《食品营养生物学》等紧扣食品质量与安全学科发展的前沿与主导方向。

50多年专业教学积累的经验告诉我们，现实制度安排下的普通高校，作为工科学生实现其个性化发展的有效途径，唯有从建立有利于学生个性发展的实践教学体系入手，立足于学科建设的优势及悠久的教学传承，花大力气整合校内外的学科资源，在原"五阶梯实验(践)教学平台"的基础上，着重学生个性化发展的要求，结合本科生不同的认知与实践特点，不同能力与兴趣取向，依托食品学科不同方向的实验室平台、教师的研究优势和特色，在本科的不同学习阶段，构建基于学科多方向、多模式、多阶段的学生科研训练体系(基于课程平台的群体训练)；基于教学实践的分组训练(社会实习、生产实习、毕业论文等)、基于学科和实验室平台的方向训练(学生科技项目等)、基于导师课题的专项训练、基于导师特色的梯队训练，形成了覆盖整个大学四年、课内课外、校内校外的以学生个性化发展为核心的立体化综合实践训练平台。

(作者为浙江工商大学食品与生物工程学院副院长，教授，博士生导师)

现代大学本科教学课堂教学改革的关键及路径思考

韩剑众

课堂教学改革是高校教育改革中的一场攻坚战,作为质量工程的突破口,已经形成上下一致的共识。课堂教学,是教师、课程、学生三者的有机结合,尤其是必修课的课堂教学,过去是,现在依然是我国高校教育活动的基本构成,实现培养目标,进行教育管理,开展素质教育,都必须依靠课堂教学。课堂教学质量的高低,关系到学生的成才质量,关系到教师的发展水平,关系到高校的基本生存。但现状是,课堂仍以知识传授为中心、以教师为中心、以教材为中心;教学内容、教学手段、教学方法、教学组织形式落后;教学管理措施、评价体系滞后。教学方法的改革是教学改革的必要手段,是教学改革成败的关键环节。如果不彻底改变传统的教学方法,“创新强校、特色名校”的目标将很难实现。本文以浙江工商大学食品学院的现实情形为例,分析探讨课堂教学改革的关键及可能路径。

一、目前课堂教学存在的问题及其根源

教学与科研,是高校的两个中心,但在当下的现实压力下,对教师实际情况是科研第一,教学第二;对学生是考研第一,考公务员第二。教学处于一种边缘的、尴尬的位置,人人都在做,人人都说重要,其实是“说起来重要,干起来次要,忙起来不要”,所谓“轰轰烈烈抓教学,扎扎实实搞科研”。课堂教学存在问题的根源主要有以下几点。

第一,高校大量扩招,生师比太高。教师严重缺乏,在编教师在承担大量教学任务的同时具有较大的科研压力,疲于应付。我校为具有博士学位授予权的

学校，政府规定要求生师比在14：1以下，而食品学院作为典型的研究教学型工科性学院，事实情况是，目前本科生1100名，硕士研究生220名（折合本科生440名），博士生18名（折合本科生54），有效的教师人数仅65人（目前学院实际在编教师100名，包括教学行政人员和辅助人员，以及仪器设备管理人员，目前学校给的编制共106人，缺编6人），实际的生师比为24：1（即使达到国家规定的我校生师比，与中国台湾地区或发达国家的大学平均在10：1以下，还有很大的差距）。

第二，评价和激励机制。教学研究周期长，教学改革难度大，需要投入大量的时间和精力，成功与否却难以预料；对教学效果进行量化评估是一个极其复杂和困难的过程。“为改革而改革，为项目而项目，为应付而应付”现象普遍存在。

第三，许多年轻博士教师从校门到校门，虽经历了较好的科研训练，也具备较强的理论知识，但缺乏作为教师教学方法的训练，更缺乏实际工作（实践）经验及对专业的感性认识，往往是一报到便上讲台，由于改革及绩效工资，失去了传帮带的教学传统，根本谈不上教学方法的研究，事实上科研和教学任务的压力也不允许他们能有时间和精力从事教学研究，教研活动也名存实亡。

课堂教学存在的主要问题如下。

1. 教学以教师为中心，学生主体性未得到充分尊重

课堂教学是由教师掌控课堂的主动权，以教师为主，以教材为中心，信息的传递由教师到学生的单向传递，学生只是被动地接受，师生之间缺乏双向的交流，学生学习的主体地位未能得到充分尊重。

2. 重教法轻学法，教的方法和学的方法不能相互促进

课堂教学方法仍停留在如何把知识传递出去的阶段，在教学的过程中，对学生的学习方法和学习效果往往考虑较少，甚至有些教师认为，教学就是良心活，只要把该讲的讲完，就算完成了任务，至于学生怎么学，学到什么，那是学生自己的事情。这种现象使教学过程变得枯燥乏味，使教师和学生缺乏良性沟通，恶化了师生关系，既不利于学生掌握有效的学习方法，也不利于教师改进自己的教学方法，课堂不是合作的课堂，学生的学习兴趣很难培养，教学效果很难保障。许多学生喜欢上实验课，就是证明。

3. 照本宣科，方法单一

虽然经历了多年的教学改革，但是一门课，满堂灌、堂堂灌的现象仍然很普

遍。教师一言堂,按照讲义进行讲解和演示,或是对着计算机屏幕读 PPT,学生在课堂上的主要任务是听课、记笔记,课堂气氛大多比较沉闷。

4. 教师教学方法缺乏创新和发展,教学方法和研究方法脱节

大学生是已经具备独立学习能力且思维已具有一定的独立性、批判性和创造性的主体。因此,课堂教学不但要向学生系统地传授科学知识,而且还要培养学生科学的思维能力,激发学生学习的主动性和积极性,使他们掌握自我摄取知识的方法,让他们独立自主地学习,同时注重将创造发现的因素引入教学过程,让学生由学会知识到学会学习再上升到学会研究。

特别需要指出的是,基于对传统教学模式弊端的初步认识,加之政府和学校教改政策的导向,部分教师开始重视教学方法改革,逐渐开展了一些教学方法改革的实践活动,但同时也出现了新的问题,即“重方法,轻内容;重形式,轻实质”,主要表现在:花大量精力把多媒体课件做得更华美,大量运用音频和视频,通过讲述有趣故事和事件等方法来吸引学生“眼球”,而没有真正为学生创造出能激发并维持其主动思考、探究和创造性学习的情景和环境,这样做,可能激发学生一时的兴趣,但不能长期维持其主动探索、理性思考的学习习惯,不利于提高学生理论素养和逻辑严谨地分析问题的能力。

二、课堂教学改革的关键及路径

课堂教学改革的关键:一是从学校层面大力引进人才,切实把生师比降下来;二是切实提高教师的师德水准,使每位教师,特别是新进的年轻教师有底线,有追求;三是从制度和管理上真正确保“轰轰烈烈抓教学,扎扎实实搞教学”。

课堂教学改革的路径是。

1. 学校和学院层面

(1)确保教学的中心地位,特别是在职称晋升、聘岗、各资源的配置等与教师切身利益紧密相关的环节明文规定,对于本科教学,实行一票否决;(2)以实行二级学院实体管理改革为契机,认真梳理各专业的核心主干课程,坚决取消过去由于抢挣课时费而因人设置的课程,明确各课程的边界,杜绝各课程的内容重复;(3)工科学院必须加大投入,进一步扩大实验课(综合实验、设计性大实验及开放实验等)、实践环节、工程训练及企业实践的比重;(4)加强师德教学,对那些没有师德底线的人坚决清理。

2. 教师层面

除教师本身应具备师德底线外，任课教师首先应该充分明了自己所承担课程的下列特点，即课程本身的体系、结构、逻辑主线、知识框架、在专业教学（教学计划、专业课程体系）中的地位和作用，特别是专业核心课程，还必须明了该课程与行业的关系，本课程在专业特色和学生能力培养中的作用。在此基础上，精心设计教案（每堂课讲什么，有哪些知识点，课堂提问设计，如何调动学生，作业，课前预习内容，相关阅读资料，课后复习内容，考试方法，等等）。其角色由“播音员”转变为学生学习的指导者和活动的组织者，教学过程由讲授说明的过程转变为通过情境创设、问题探究、协作学习等以学生为主体的过程，是教师帮助学生有意义地掌握新的知识，纠正错误的思想和观念，主动地进行构建的过程；教师必须真正由教知识转变为教方法，把以传授知识为主要内容转移到以发展学生智能为主要任务；把侧重学习内容转移到侧重学习的方法；诱导学生自主学习，激发学生的求知欲；改变教师一言堂，一讲到底的灌输式教学方法；以学法带教法，指导学生会学习。突出思维训练，培养学生的创新思维能力思维，教师在教学过程中不论运用哪种教学方法都要注重培养学生的抽象思维能力和形象思维能力（分析判断能力、概括综合能力以及发散思维能力，直觉思维能力、想象思维能力），把思维能力的训练贯穿于整个教学中。改革不合理的、不利于发展学生创造性思维的评价机制，彻底改革评价方式，改变学生只会围着教师、书本转，安于现状、没有主见、乐于抄袭的学习态度。

课堂教学改革是一个富有创造性的、永恒的命题，需要不断探索和研究。只要我们本着“一切为了学生，为了一切学生，为了学生一切”的目的，真正关注每一个学生的成长和发展，改革就一定能获得成功。

（作者为浙江工商大学食品与生物工程学院副院长，教授，博士生导师）

秉承"责任文化",打造品牌教学团队

——国家特色专业食品质量与安全教学团队建设与实践

陈忠秀　邓少平　顾振宇　韩剑众

为全面贯彻落实科学发展观,切实把高等教育重点放在提高教学质量上,教育部、财务部实施的"高等学校本科教学质量与教学改革工程"中明确提出了加强本科教学团队建设,因此,研究教学团队的建设与管理具有重要的理论与现实意义。

自从建设国家示范专业以来,我们食品质量与安全教学团队在思想统一、机制确立和流程规范上做了大量而有效的工作,并取得了不俗的成绩。加强教学团队建设已经成为教师队伍建设的重要一环,也是学校学科建设的重要组成部分。浙江工商大学食品质量与安全学科近几年取得了长足发展,在全国同类学科中排名已跃居第三,究其原因,主要得益于我们在教学团队建设上的高度重视和坚持不懈的努力。

高校教师是学生学习的领航者、学生未来发展的预测者、信息资源的整合者和课程教学的研究者。教学团队的建设不仅促进学科的发展,还大大提升了教师的能力和教学质量。随着高校教育形势的发展,我们对专业教学团队建设工作有了进一步认识,打造先进的团队文化,已成了我们团队建设的工作重心。众所周知,团队文化是团队在发展的过程中所形成的工作方式、思维习惯和行为准则,包含价值观、最高目标、行为准则、管理制度和道德风尚等内容。团队文化以最大限度统一成员意志,强烈地支配和规范着成员的思想和行为,凝聚成员力量,为团队总目标服务。

食品质量与安全专业一直具有一支负责任、讲责任的教师队伍,几十年的学科建设中,传承了食品质量与安全的责任文明。他们一直自觉或不自觉地以高度的责任感教书育人,担负着社会责任,形成了全员、全程、全面地讲责任、负责任的价值观和品格,并将其贯穿于教学工作的各个环节。在国家特色专业建设中,我们逐渐明晰了这种文化——即以责任意识为基本价值观的团队文化,就是我们食品质量与安全专业教学团队的特色文化,这也是我们教学团队需要长久建设的核心内容之一。

一、为什么选择责任文化

1. 责任文化是社会对食品质量与安全专业人才的呼唤

民以食为天,食以安为先。食品安全直接影响着广大人民群众的身体健康和生命安全,也关系着经济发展、社会伦理道德、政府公信力、民心安定、社会和谐稳定。当前,导致食品安全问题最深层次的原因在于制假者的道德沦丧,食品安全问题严肃地拷问着企业的社会责任感。浙江工商大学“食品质量与安全专业”一直是国家食品质量安全人才培养的重要基地,每年向社会输送大量的技术管理型人才。这些毕业生分布在食品企业、研究院所以及疾控、商检、海关、技术监督等食品质量与安全的监督管理单位,他们直接承担着食品质量与安全的社会责任。因此,食品质量与安全专业自身的专业特点以及社会对食品安全相关人才品质的要求,决定了我们教学团队必须具有责任文化,在培养具备先进的食品科学与技术人才的同时,培养具有社会责任感的人,从而满足社会对食品质量与安全专业人才的需要。

2. 责任文化是教学团队教书育人的需要

大学的根本任务,即人的培养。新时期我们专业人才培养目标要求我们培养的人才要拥有国际化的先进思维,具备能与国际接轨的、先进的知识结构和体系,掌握国际前沿的学术思想和研究成果,能够适应国际品牌企业的研发和管理,能够加入国际上先进的高校及研究院所。这种国际化创新型人才的培养,需要优秀的、具有强烈责任感和历史使命感的教学团队研究和规划学生大学四年培养策略和方案。大学的教师,其学识、思想和行为直接影响着教学实践,影响着被培养人的知识水平、思想和境界。食品质量与安全专业的所有老师,肩负着培养这个专业学生的历史使命,良好的专业风气、学术传统和学术文化能够形成影响和熏陶学生的力量，这种力量将影响一个人的人生观、价值观和世界观。因此，只有以责任文化为统一价值观的教学团队，才能满足教师教书育人的基本需要。

二、我们怎样建设教学团队的责任文化

1. 明晰方向，为团队的思想建立统一的着陆点

思想是建立在一系列的信息基础上用来指导人行为的意识。在食品质量与安全教学团队的建设中，首先把责任文化的团队思想落到每一个团队成员的意识中，明确新形势下培养具有责任意识的国际化创新型人才这个共同目标。我们在学院大会、系室研究会上经常强调我们的人才培养目标，让每一个教师明了我们培养的学生要具有强烈的食品质量安全社会责任心和使命感，既能够用丰厚的学识控制、杜绝危害食品质量与安全事件的发生，又能在面对突发的食品质量安全事件时，积极投入、快速反应、勇于担当，成为社会中解决这类问题的中坚力量。在这样一个团队目标下，建立每周例会制度，团队成员相互学习，相互交流，把责任文化内化为教师的操守与观念，形成一种根深蒂固、具有丰厚底蕴的精神，只有这样，才能外化为持久的教学实践，伴随着学生在大学期间的成长，实现在教书育人中的传承。

2. 潜移默化，让责任文化伴随学生成长

(1)将“责任”贯穿于本科培养的宏观方案设计。本着一切为学生着想，一切对学生负责的基本思想，教学团队站在专业整体的高度上，从培养方案的确定、课程体系的设计到课程资源的建设处处体现教学团体的责任意识。

我们培养方案的确立基于培养具有扎实的食品科学基础、具有国际化视野和创新能力的工商融合复合型人才，在专业课程体系的设计方面，打破原有课程边界模糊的局面，本着对学生就业、深造的责任，设置专业基础课、专业核心课、专业实践课三大课程体系，并根据社会需求的不断变化，及时增减专业课程，让他们的知识体系和知识结构紧跟时代的脉搏，全力满足学生的需要；在课程资源建设方面，为了满足学生知识深度的需要，我们积极利用基于研究平台的学科支撑课程资源，鼓励学生参与教师的科学研究；为了满足学生知识广度的需要，积极开发优势媒体课程资源；为了满足学生个性化发展的需求，积极利用基于精品课程资源的强势课程资源和以实践创新平台为依托的特色课程资源，全面满足

学生的学习需求，将责任文化贯穿本科培养方案的全过程。

(2)将“责任”贯穿教师微观教学的各过程，促进学生成才。课堂是教学执行的主阵地，是教师传递知识的主要形式，课堂教学的好坏，决定了整体教学工作的质量。本着对学生掌握知识深度的责任，我们特别重视学科对教学的带动作用。浙江工商大学的食品学科一直在国内具有很强的学术影响力，有着丰厚的学术基础和研究积淀。在推进责任文化团队建设中，要求科研能力强的教授走进本科理论课教学课堂，这样能突破书本知识的滞后性，站在国际学术的前沿，将他们最新的研究成果带进课堂；为了拓展学生的学术视野，鼓励本科生参加研究生的 seminar 课程，定期邀请国内外知名专家学者来校讲座，扩大他们的知识面；为了提升学生的创新能力，积极探索多种形式的实践课程资源，鼓励全院研究实验室对本科生开放，从大一开始，学生就可与研究生一起进入实验室参与科学研究，学院还积极与中科院和国内外知名品牌企业合作，为学生提供高水平的研究机会和实习工作机会。我们还把责任文化贯穿于我院特色的国际化思想之中，使教师在学生成材的重要阶段，输之以国际化的先进思维和知识结构体系，使他们了解国际前沿的学术思想和研究成果，让他们毕业后能够加入国际上先进高校及研究院所进行深造，胜任国际品牌企业的研发和管理。我们还特别重视教学方法的研究，成立了专门的课堂教学方法研究小组，通过召开教学方法研讨会让会上课、上好课的老师及时与大家分享先进的教学方法和教学体验。这些对教学全过程的主动关注，突出体现了团队的责任文化。

(3)将“责任”贯穿于学生成长的全过程，伴随学生成人。大学四年对于学生不仅是智力成长的过程，也是重要的身心成长的过程。大学老师只有带着责任心关心学生、爱护学生，关注学生成长的每一个阶段，才能真正培养出身心健康、智力健全的学生。教育学生重在言传身教。作为老师，自己首先要做到具有高尚的科研道德、严谨的科研精神，同时要把爱心倾注于学生的每一个成长环节，使学生耳濡目染、潜移默化。

作为肩负着我国食品质量与安全人才培养重任的教学团队，我们在培养人的过程中，一直推行博士班主任制度和科技导师制度。从大一新生进校的那一刻起，一批具有优秀成长历程的博士作为班主任，就开始伴随他们四年的成长过程。在责任文化精神的引领下，把对社会负责、对自己负责、对亲人和朋友负责的人生态度灌输给学生；把积极向上、勇于创新的工作态度教导给学生；把乐观豁达、阳光开朗的生活态度传递给学生。

作为科技导师，对于大一新生，主要利用教学间隙对学生进行正面的引导，告诉他们大学不仅是学习有限的书本课程的过程,更重要的是在大学中聆听大师的声音,积极参加各类学术讲座,深入各课题组中体会科研的魅力和氛围,激发他们求知的热情。对大二、大三高年级的学生,积极引导他们参与实验研究,鼓励学生申请科技创新课题、挑战杯、希望杯等各种科技活动。对于毕业班的同学,在本科毕业论文环节,不仅引导他们端正科研的态度,还着力培养他们严谨的科研作风,督促他们认真地完成各项实验数据的测定、收集和整理;同时,教会他们科技论文的写作。此外我们还积极鼓励教师帮助优秀的考研学生联系导师,主动推荐,并在面试前进行辅导;对找工作的同学,积极教导他们情商培养,叮嘱他们注意自己的仪表仪态及人际关系处理等事项,并尽自己所能在学生联系工作时主动协助。总之,尽力尽责培养学生在大学四年里学会做事,学会做人,已经成为教学团队一贯的工作作风。

3.坚持考评,让责任意识成为团队每一个成员的自觉意识

团队考核是团队目标和规划实现的保证,是责任意识得到落实的助力工具。我们在教学团队的建设中,设立教学效果考评制度、科技创新考评制度,学生培养考评制度、班主任考评制度、科技导师考评制度等。这些考评制度有力保障了责任意识的落实。

4.通过人文关怀,实施团队激励

在教学团队里,首先建立一个开放的、民主的、人文的管理体系和良好的沟通机制,为团队内部成员之间以及成员与领导之间的各种沟通提供条件。通过沟通使团队成员相互理解,形成共识,达成一致。其次,实施榜样激励机制。开展优秀课程组、优秀年级组团队经验介绍活动,使优秀团队的凝聚力和创造力不断增强,也使每个团队有了更明确的目标,使人人具有归属感、荣誉感和责任感。

三、从"责任"跃向"品牌"是教学团队建设的更高追求

几十年的学术积累和文化积淀,已经使浙江工商大学食品质量与安全专业有了一定的知名度,要提升这个专业在同行中的竞争力,需要教师团队的责任意识和主动关注。在过去几年国家特色专业建设中,我们在优化专业课程体系、加强师资队伍建设,增强学生实践创新能力,推动产、学、研合作等方面已经取得丰硕的成果。但是,我们也逐渐认识到,食品质量与安全专业要想获得更大的发展,必须着力提高专业品牌的影响力,提高这个专业的知名度、社会认知度以及

美誉度。而这个品牌专业的建设需要一支高质量高水平的教学团队，因此，我们在下一步的专业建设中，将在进一步巩固责任文化建设成果的基础上，着力打造浙江工商大学食品质量与安全专业教学团队的品牌影响力。

强化教学团队品牌的建设，能够提升食品质量与安全的专业知名度和竞争力，为食品专业学科的发展助力；能够吸引更多的精英人才加盟团队，不断提高团队的整体素质；还能够增加更多生源选择渠道。加强品牌教学团队的建设，还可以得到政府和更多企业等外部环境的支持，促进学科和专业的长远发展；而且，只有具有品牌效应的教学团队，才能培养出具有品牌影响力的学生。

那么，应该怎样建设一个具有较高影响力的品牌教学团队呢？

1. 坚持团队品质的先进性

首先，坚持教学理念的先进性是保证团队品质先进的立足根本。品牌是团队以成果或产品来传播团队独特先进的思想和前瞻科学的行为模式的载体，是展示团队精神状态和行为模式的窗口。品牌的产生使成果或产品更具有吸引别人目光和兴趣的能力。食品学科团队一直拥有先进的理念和建设成果，我们将继续分享学科建设的成果经验，同时深挖责任文化的内涵，拓展责任文化的外延。在先进的理念指引下，保持团队行为的先进，从而保持团队整体的先进品质。

其次，坚持团队结构的开放性是保障团队品质先进的重要手段。教学团队要具有品牌影响力，首先必须具有先进性。而坚持团队的开放性结构方面，我们的教学团队一直坚持以良好的科研背景或专业技术背景的师资队伍构建团队的原则，同时保持年龄结构、学历结构、职称结构、学缘结构的合理性。在新的团队建设时期，我们还要坚持团队的开放性，以不同专业背景的人才充实团队，体现多学科交叉，优化团队结构。一方面通过加强现有团队成员业务能力和综合素质的提高，保持现有团队的先进性；另一方面不断引进国内外的先进人才充实团队，提升团队的先进性。

2. 保持团队品质的一致性

品质的一致性，是品牌建设的关键。为了保持教学团队成员品质的一致性，在教学管理上，将完善一系列考核评价制度，对教学各个过程实行科学的监督和管理，通过规范管理，督促和保证教学团队各项指标达到较高水平；同时，在教学管理中又要体现人文关怀，保障品牌团队建设的顺利进行。

3.注重团队成果的传播性

食品质量与安全专业教学团队的品牌性要求先进的、统一的专业教师行为规范，使教师在培养人才的实践中具有一致的精神风貌和职业素养。这种具有品牌效应的团队风貌能辐射到本校的其他专业，甚至影响到其他大学的相关专业。我们将用责任文化为核心价值观的团队文化作为重要的专业建设成果，并使之在食品学科历史沿革中得以传承，在传道解惑过程中得以传递，在食品安全人才服务社会间得以传播。

总之，国家级特色专业的建设首先是一支具有强烈责任感师资队伍的建设，从食品安全的社会责任到学生培养的历史责任，几年的教学建设实践也就是责任文化团队建设的实践。目前食品安全专业建设的内外部环境都发生了巨大的变化，为教学团队的建设提出了更高的责任要求，从责任文化跃升为品牌追求，建成一个具有国家品牌影响力的教学团队，这就是我们下一个奋斗目标。只要我们不断在培养学生中倾注热情，坚持先进的改革理念，不断强化责任文化意识，勇于探索教育教学新途径，就一定能够实现这个目标。

（陈忠秀，浙江工商大学食品质量与安全系教授、博士）

食品质量与安全专业课程资源的建设与开发

——以国家级精品课程“食品感官科学”建设为例

张卫斌　田师一　邓少平　韩剑众　顾振宇

近几年来，我校对食品质量与安全专业建设的投入不断加大，“技术管理型”食品质量与安全专业人才培养模式的创新实践也在不断深入。新形势下，专业课程资源建设如何在原来的基础上形成特色，在保证课程的顺利实施的同时如何促进教育目标的实现，从哪些方面去寻找课程资源，开发的课程资源以何种形式体现出来成为一个重要问题。

一、对课程资源的新认识

课程资源，指的是课程的要素来源以及实施课程的必要而直接的条件，是课程得以形成和发展的前提。课程资源为课程目标的实现提供了资源上的保证，同时，也为课程的充分展现提供了背景和基础。有学者根据课程资源的功能特点，对课程资源的概念进行了广义与狭义之分。广义的课程资源是指有利于实现课程目标的各种因素，狭义的课程资源仅指形成课程的直接因素来源。

在专业课程建设的过程中，我们不断地分析总结创新、改革、实践经验得失，对课程资源进行新的划分组合，按不同的划分标准将其分为三种类型。

一是按照课程资源的功能特点，可以把课程资源划分为素材性、条件性课程资源。素材性资源的特点是作用于课程，并且能够成为课程的素材或来源。比如知识、技能、经验、活动方式与方法、情感态度和价值观以及培养目标等因素。条件性资源的特点则是作用于课程却并不形成课程本身的直接来源，包括相应的人力、物力和财力，时间、媒介、场地、设施和环境，以及对课程的认识状况等因素,这在很大程度上决定着课程的实施范围和水平。

二是按照课程资源的性质将课程资源分为有形、无形资源。有形资源包括教材、教具、仪器设备等有形的物质资源;而无形资源包括了学生已有的知识和经验、家长的支持态度和能力等。

三是按照课程资源空间的分布,分为校内、校外及网络化资源。校内资源包括了教师、学生、图书馆、实验室以及各类教学设施和实践基地等;校外资源则主要指公共资源,如博物馆、科技馆、学术团体、企业、媒体等广泛的社会资源及自然资源;网络化资源主要指以多媒体技术为载体的校内外资源。

虽然上述划分方式只是基于部分课程建设的思考,存在着各种局限性。但有一点毋庸置疑,也就是随着我国教育改革的不断深入,课程资源的重要性日益显现,已经有越来越多的研究者开始意识到课程资源对课程实施重要性,也明确了要在课程实践过程中加快对课程资源的建设、开发与利用的步伐。因为课程资源只有进入课堂,与学习者发生互动,才能彰显其应有的教育价值和课程意义,才能最终体现课程资源的价值。对课程资源进行重新定位和认识,可以使我们在理论探讨和行动实践上方向更加清晰明确。

食品质量与安全专业是一个具有五十多年历史积累的专业,在建设过程中通过不断深入的研究,建立起科学的课程资源观,由课堂延伸到课外,由学校延伸到社区和所在的地区,学生所处的社会环境和自然环境,甚至学生的生活及其个人知识、直接经验都成为课程开发的基础和依据,成为学习探究的对象,成为学习的课堂,从而使课程资源得到更合理拓展,实现课程由狭变广、由静转动。

二、特色专业课程资源建设的成果

1. 注重传统特色资源的积累

食品质量与安全专业有着明显的专业特点,因此,对传统资源的收集、整理,既是历史传承的需要,同时也为课程资源的进一步开发提供了素材。一是重视专业建设过程中的有形资源积累,如组织学、病理学等课程在长期的建设过程中,形成了大量富有特色的标本、教具、图片等。二是做好以国标为基础的技能型训练课程资源,如食品理化检验、食品微生物检验、动物性食品卫生检验等。三是不断丰富管理型课程资源,如食品质量管理学、食品安全风险管理与控制原理、食品质量安全行政法规管理、食品质量安全信息化管理技术等。同时,以建设食品品质学等浙江省高校重点教材为契机,努力提升专业教材的水平,形成快速检测、食品感官等系列优质教学资源。

2. 注重学科建设资源的利用

"最好的研究者才是最优良的教师。只有这样的研究者才能带领人们接触真正的求知过程,乃至于科学精神。跟他来往之后,科学的本来面目才得以呈现。通过他的循循善诱,在学生心中引发出同样的动机。"在众多的科研成果向科学资源的转化过程中,教师的努力不仅能够提高学生的思维水平,增强学生学习的情绪体验,引发学习的热情,也有利于学生养成科学的精神气质,这也是现代人不可缺少的基本素养。

学科平台建设为学生科学素质的培养承担着举足轻重的作用。浙江工商大学在食品学科建设过程中,先后建设了浙江省重中之重学科、省级重点实验室,以及校院各级的研究所等平台。以平台建设为依托,相关科研成果的转化不仅具有经济效益和社会效益,而且具有内在的教育价值。教师充分利用这些潜在的资源,基于教育学的思维方式,将其开发为课程资源,将学科科研的优势转化为教学优势,将科研成果优势转化为专业教学内容,不仅使学生能够及时获取最新的科学研究知识,得到科学思想与科学方法的启示,同时也使其得到科学研究能力的训练。

3. 注重企业合作资源的开拓

"高等教育质量工程"对新时期大学生培养提出了新要求,要求培养高素质专门人才和大批拔尖创新人才,提高学生就业和创业能力,最大限度地满足经济社会发展对人才的迫切要求。其中,特别强调要充分体现创新意识在人才培养中的重要作用。

食品质量与安全专业在长期的积累过程中,十分注重社会资源的开发建设与利用。学院、专业教师与政府部门、相关企业形成了良好的协作互动关系。这种教学资源的利用,使课程内容与实践应用之间保持着紧密结合,从而更好地激发学生的专业热情。如省出入境检验检疫局、省疾病预防控制中心、省农业科学院、省方圆检测集团、省食品质量监督检测站、台州市工商局等相关部门承担我校食品质量与安全专业学生的毕业实习、专业实践、社会调查等教育实践活动。天迈、博利飞、通用磨坊、雀巢、五芳斋、康师傅、九阳豆浆、洋河酒厂等企业都与专业教师进行着长期的合作,并通过设立"五芳斋"等专业奖学金,加强对学生创新意识和动手能力的培养,增进了学生对专业深入理解。

4. 注重网络媒体资源的应用

信息意识和能力是现代社会人的科学素养的重要组成部分。重视以计算机及网络为核心的信息技术，并将其作为整合课程资源的工具全面地应用到专业课程中，使各种课程资源、各个教学要素和教学环节相互融合，从而产生聚集效应。例如，多媒体技术集成了文本、图像、动画、视频、音频等多种信息优势，提供给了学生丰富多彩的感性素材，也使教师可以用贴近学生的方式来增强课程的教学效果。而网络技术的发展使课程与学生的生活世界紧密联系，突破课程学习的时空限制，拓展课程的广度和深度。在专业建设过程中，食品安全信息网、食品安全科技网、食品感官网等主题网站从不同的角度反映专业的特色、发展与优势，教学网站、教师博客、QQ 互动、电子邮件等的运用，更是让技术成为师生共同学习的工具、对象和环境，也使课程资源的功能得到进一步发挥。

三、“食品感官科学”国家级课程建设特色分析

1. 以课程优化为抓手，构建课程资源

在学院优化核心专业课程的过程中，“食品感官科学”课程组基于对国际、国内食品科学和食品产业发展历史、现状及趋势，特别是对食品感官学科不同发展时期的内容特点及其对食品工业的影响和演变规律的分析研究，结合我国食品工业与食品消费市场的变化特点，对课程设置、课程体系等进行调整与完善，并坚持在课程教学中努力实践，形成了以核心概念、问题为背景的课程结构体系。

课程建设过程中，注意发挥精品课程组，特别是课程负责人的引领作用。精品课程建设是一项系统工程，是提高教学质量的有效措施，是紧紧围绕着人才培养而展开的。如何把握课程建设的精髓，扎实有效地组织精品课程建设体现了课程负责人的智慧。2010 年，课程负责人获得浙江省教学名师称号。

在建设过程中，注意发挥特色课程建设中的示范作用。在学校、学院的支持下，课程组先后将“食品感官科学”建设成为省级、国家级精品课程，课程教学软件获得浙江省高校教师教学软件二等奖，科教系列、超星视频等的合作拍摄播出，更是探索出了一条精品课程面向社会、科学研究与科普宣传相结合的新路。

2. 以实践平台为依托，拓展课程资源

“五阶梯一体化”学生实践，为食品质量与安全专业学生的发展构建了一个

完整的从大一到大四、从课内到课外、从校内到校外一体化学生实践训练的递进平台。

开放实验为背景的教学实践改革为学生提供了动手能力锻炼的广阔空间。随着学生不断进入专业实验室，从事与教学、研究等相关实践，获得省新苗计划支持、“挑战杯”创新创业大赛获奖等荣誉不断涌现，都是对学生极大的鼓励。另一方面，科研实践平台的知识产权意识，也对学生专业思想的提升起到了潜在的影响。例如，在以智舌为代表的食品安全快速检测设备开发过程中，如何立足技术创新，如何坚持自主研究开发与引进国外先进技术相结合等科学研究的思维和态度，也对学生产生了积极的影响，引导大学生以积极的心态投入研究。2010年，学生创新创业项目“浙江智舌科技有限公司”获得了全国挑战杯金奖。

另一方面，富有创造性的人才在课程学习的过程中，不仅要具有扎实的基础知识和基本理论，更要及早接触前沿性的知识，拓展学术视野，创造自己的课程和材料。目前，食品质量与安全专业建立了广泛的社会联系，通过专业外籍教师讲座、推荐学生到国外高校交流、鼓励学生参加国际学术会议等，把资源变成为学生视野拓展、能力提升的重要环节。

3. 以媒体合作为契机，传播课程资源

借力媒体的社会影响力扩大社会联系，展示课程资源的特色，是课程建设的一个特色。早在2003年，中央电视台就对我校新开设的“食品质量与安全”专业进行了专题采访，并从食品质量与安全系设立的背景、意义、专业特色和专业教学培养计划、实践基地进行了全面介绍，使观众正确理解认识相关学科的发展和魅力。2007年，感官实验室与中央电视台《走进科学》栏目合作，策划拍摄并播出了科教系列节目——《舌尖上的舞蹈》，走出了一条很好的课堂教学与社会应用相结合的路子，也成为精品课程建设的一个典范，受到了《光明日报》、《中国教育报》、新华社、人民网等媒体的广泛报道。2010年，超星学术视频又走进了“食品感官科学”的教学课堂，全程录制授课过程。专业推广、科教节目、学术视频，使得我们对课程资源的共享突破了时空的限制，突破了建设方式的制约，充分发挥了这个时代背景下优质教学资源的最大传播优势。

4. 以情境互动为导向，丰富课程资源

通过问题式教学训练，引导学生主动思考。“如果我们想教授学生，我们必须知道学生如何看待他们的世界。”要应对课程学习中学生地位的变化，需要教师有教育学的新视野，也需要有教育实践的智慧。以问题式的教学训练，在鼓励学生主动思考、主动开拓、主动体验方面有着重要的作用。近几年来，学院通过开展专题教学研讨会、集体备课、集体听课等形式，在如何改善课堂教学方法等方面进行了大量针对性的实践，让课程的学习不再是有知识的教师面对无知的学生，让教学过程转变成教师与学生的共同体验、教师与学生的相互影响。

案例一，(1)理论教学中：心理物理学定律是否可以对食品的物理差别进行感觉定量？(2)实验教学中：人在品尝食物时，究竟先有味道感受还是先有触觉反应？(3)期末考试中：在生活中，我们吃过口味比较重的食物后，通常都会感到口渴。试设计一个感官实验定量验证之。

通过案例式教学磨炼，增强学生创新意识。案例是活生生的事实，具有实然性，在与理论相对的意义上，案例意味着现实场景，意味着真实问题，意味着人的生活世界。在某种意义上，案例是生活世界与理论体系之间的桥梁。面对社会上食品安全问题的严峻形势，及时将相关问题引入到相关课程的教学中来，例如通过源于生活、源于研究的相关场景，和学生共同讨论感官理论与生活的关系、感官研究对生活的影响，引导学生从不同层面进行深入的思考。案例式教学不仅强化了学生学习的内部诱因，让学生通过学习案例而获得鲜活的知识并体验到思想的力量和思考的乐趣。而且，让课堂中的不断探究过程也能像一个故事一样具有吸引力。

案例二，(1)源于生活的场景：你能否结合课程内容分析“要想甜加点盐”的道理？(2)源于研究的场景：你能否结合胃肠道中甜味受体的发现，阐述对“胖人，喝凉水也要长肉”的认识？

通过开放式教学锻炼，培养学生综合能力。在一个变化急剧的时代和一个转型的社会里，富有创造性的人才在课程学习的过程中，不仅要具有扎实的基础知识和基本理论，更要及早接触前沿性的知识，拓展学术视野，创造自己的课程和材料。一方面，为加强对学生综合能力的考查，多年前，就将感官课程的分数构成改为“2＋3＋5”的方式，即以关注学科发展的文献翻译、读后感占20%，以综合训练为主的课内实验占30%，以实验设计为主的期末考核占50%。另一方面，课程组与国内外专业机构还建立了良好的合作关系，不断提高相互交流与研究合作的层次，从而更快、更好地将相关研究引入到课程当中来。目前，已与欧洲感官中心、英国利兹大学、中国台湾枢纽科技、国家标准化研究院、国家标准化学会等建立了广泛深入的联系。

案例三，(1)两名本科生通过课外实验，对相关学科产生兴趣，先后考取华东理工大学等学校的心理学专业研究生。(2)学生毕业后,在康师傅、中粮集团等大型企业中从事感官专业的研发工作。

四、今后课程资源建设的思考

1. 建设以专业背景为依托的示范型课程资源

浙江工商大学一直是国家食品质量安全人才培养的重要基地。以商科院校为特色背景,深厚的历史积淀,让我们深切地体会到教育部实施高校“质量工程”对于食品质量与安全专业人才培养的重要意义。立足于学科建设的优势及悠久的教学传承,在专业培养模式上有所创新,在教学名师、国家级精品课程、优秀教材、教改项目等方面有所突破,才能将专业办出特色和水平。在专业建设的过程中,让课程资源服务学生,将课程资源在课堂发挥作用,则是课程资源建设和开发过程中的关键。因此,如何结合专业优势,在今后加强对已有课程资源的利用,加强新的课程资源的开发,建设具有特色的、示范性的课程资源是我们必须思考与面对的问题。

2. 提升以教师队伍为核心的强势型课程资源

课程的学习是师生之间的对话,这要求教师要善于捕捉新的资源,对其价值迅速地加以判断,并及时地转化为学习的内容。例如近几年来,国外著名高校的网络开放课程对众多专业教师的教学产生了极大冲击,这提示我们要通过自身水平的不断提高,来有效激活学生的想象。近几年来,在重中之重学科、学校蓝天计划等支持下,学院里先后选派优秀教师到国外进修、合作研究或学术交流,增强自身的竞争力。与此同时,这种形式的活动也极大地促进了相关课程的教学,专业外语、双语课程、专业读写议课程等系列教学内容在教师水平的提升过程中也得到了不断地深化。以此为契机,如何在提升教师队伍水平的同时形成强势的课程资源方面还需要加强研究。

3. 开发以学生个性为目标的发展型课程资源

要紧跟社会需要,更新课程内容,符合学生需要,加强课程研究。以学生个性引导为特点的课程资源开发需要新的课程观和学生观,而如何引导学生,让他们利用这些资源解决自己所遇难题,增强其独立探索、学习的意识与能力,也是我们今后在课程资源开发过程中值得思考的问题。我们为学生提供丰富课程资源的目的,在于逐渐培养学生独立学习的意识、能力与习惯。面对丰富的课程资源,学生也将面临着如何选择资源,如何从众多资源中归纳出解决问题的方案等问题。只有当学生在任何需要的时候都能够获取课程资源来解决自己学习中的问题,并成为这些课程资源的主人和开发的主体时,课程资源的价值才能得到充分发挥。

参考文献

[1]詹泽慧,梅虎,詹涵舒,等.中、英、美开放课程资源质量现状比较研究[J].比较教育研究,2010(1):45—53.

[2]周晓燕,董国平.课程资源研究:成果、反思及走向[J].河北师范大学学报教育科学版,2010,12(6):93—97.

[3]刘德华,谢娟.高校教师开发课程资源的思考[J].宁波大学学报:教育科学版,2009,31(2):1—6.

[4]胡弼成,尹岳.高校科研成果与课程资源[J].高教管理,2006(2):69—71.

[5]朱水萍.课程资源开发的认识误区及变革策略[J].教育理论与实践,2006,26(2):41—43.

[6]沙显杰,李德才.新课程理念下的教师教育课程的反思与重建[J].黑龙江高教研究,2005(12):108—109.

(张卫斌,浙江工商大学食品学院食品质量与安全系讲师,在读博士)

个性化发展空间的食品质量与安全专业实践教学体系建设与实践

田师一　韩剑众　顾振宇　邓少平　傅玲琳

20世纪末开始的高校扩招,使我国高等教育的规模得到了迅猛的发展,越来越多的年轻人获得了接受高等教育的机会,高校教育也由起初的"精英教育"转向了"大众化教育",以课堂集中教学为主要形式,同一课堂,同一培养方案,同一模式,培养出一批批同一规格的专业人才。然而,随着现代社会经济与科技的高速发展,特别是知识经济的迅速发展,社会对人才的标准发生了明显的变化,个性鲜明、创造力强的专业人才越来越受到社会的追捧。这给高等教育提出了新的要求,即学生个性化培养。同时,随着扩招后录取分数线的进一步降低,高校同专业学生在素质和能力方面的差异越来越显著。我国死板的高考招生制度,使大量学生所学的专业并非其自身喜好和自愿的选择,因此又造成了同一专业学生对所学专业兴趣爱好和认可度的巨大差异。这更要求高等教育必须改变目前完全统一的教学模式,设计出适合不同学生个性培养的新模式和新方案。

学生的个性化培养一直是教育工作者共同关注的问题,早在春秋战国时期,我国大教育家孔子就曾提出教育应该实行"因材施教"的个性化教育思想。我国2010年颁布的《国家中长期教育改革和发展规划纲要(2010－2020年)》也明确学生个性化培养的要求。个性化教育已经成为现代化教育发展的趋势。目前,高校在大学生的个性化教学中,对课堂教学形式做了各种各样的教学改革,例如"通识课程"、"弹性分组课堂"、"体验式教学"等,均取得了一定效果。食品质量安全专业是为应对解决国家当前层出不穷的食品质量安全问题而设立的专业,要求培养的人才既要掌握一定的检测、检验技术,又要具备食品安全过程控制、监管等多方面的能力，这就要求本专业人员具有较高交叉度的背景知识。相比于其他专业，食品质量安全专业学生的个性化培养显得尤为重要。然而，在学生个性化教学的研究过程中，我们发现以课堂集中教学为主要形式的理论课程教学模式下，无论如何改革创新，都无法实现学生完全的个性化培养，只有在实验、实践教学环节中，才能更好地实现个性化教育和培养。本文介绍了食品质量安全专业作为国家特色专业，在前期建立的五阶梯一体化的实践教学体系的基础上，近年来设计实施的以学生个性化发展为核心的多阶段、多方向、多能力的个性化立体实践体系。

一、五阶梯一体化的实践教学体系

2005 年，食品质量安全专业确立了培养既掌握检测、检验技术又具备食品安全过程控制及监管能力的，"精食品、强检验、善管理"三位一体的新型食品质量与安全的技术管理复合型人才的目标，为适应这一目标人才的培养，建立了五阶梯一体化的实践教学体系（如图 1 所示），并取得国家教学成果二等奖。

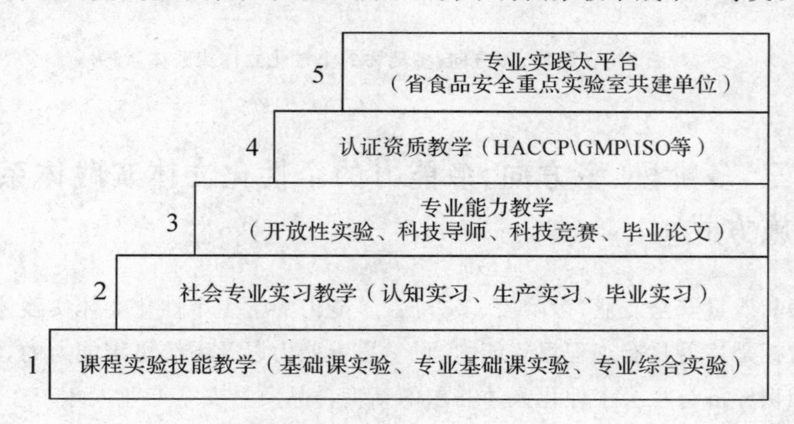

图 1　五阶梯一体化的实践教学体系

二、多阶段、多方向、多能力的个性化立体实践体系

食品质量安全专业在前期"五阶梯实践教学体系"的基础上，为满足当前社会经济、科技的进步发展之后对食品质量安全专业人才的需求提出的更高、更多的需求，着重根据学生个性化发展的要求，结合本科生不同的认知与实践特点，不同能力与兴趣取向，依托食品学科不同方向的实验室平台、教师的研究优势和特色，设计和实施了以学生能力培养为轴心的，以课程组教学与学生年级发展为

依据的，动用和整合所有实验、实践教学资源的，“多阶段、多方向、多能力的学生个性化立体实践体系”，有效发挥教师的主导作用，充分实现学生在情感、认知等多方面的个性化发展（如图2所示）。

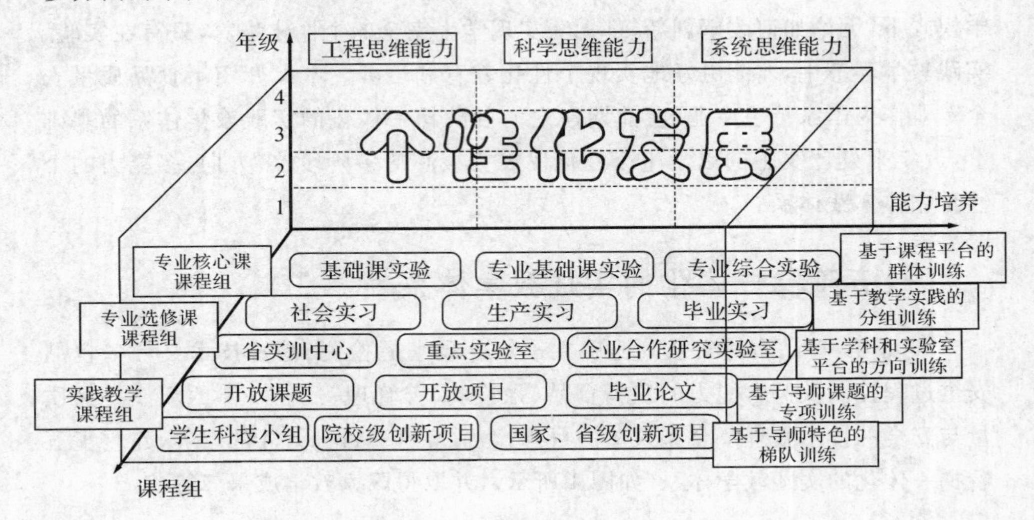

图2 多阶段、多方向、多能力的个性化立体实践体系

三、多阶段、多方向、多能力的个性化立体实践体系的具体实施方式

食品质量安全专业“多阶段、多方向、多能力的学生个性化立体实践体系”的主要目标是培养具有工程思想能力、科学思维能力以及系统思维能力的，满足现代化知识经济与社会个性化人才需求的新型食品质量安全专业人才。在具体的实施过程中，构建了基于教学平台的群体训练、基于教学实践的分组训练、基于学科和实验室平台的训练、基于导师特殊的梯队训练、基于导师课题的专项训练五大训练体系。

1. 基于教学平台的群体训练体系

以训练学生掌握基本实验技能为主要目标，系统整合并开设无机化学、有机化学、分析化学、物理化学、仪器分析、生物化学、普通微生物学等基础实验课程。在课程实验教学上，在传统基础实验课和专业基础实验课教学基础上，开设众多开放性和综合性实验课程，每个教学实验室都挂有本实验室开放的实验内容和指导教师的名字,允许学生在非课堂时间根据自身兴趣爱好以及特点,选择相应的实验内容,学习实验知识,锻炼实验技巧。同时,将本专业教授相关科研技术与成果及时转化为教学内容。例如,在食品安全快速检测原理与技术课程实验中,增添了"智舌/智鼻快速评价食品品质"、"丝网印刷电极快速检测微生物"、"可视化无损核磁共振成像检测仪"等本专业教授相关科研技术与成果,使学生能够及时获取食品质量安全控制中的先进科学知识,满足当前食品质量安全问题技术需求的实时更新。

2.基于教学实践的分组训练体系

依据教学实践的优势与特点,通过将学生小组化参加社会实习,生产实习,毕业实习的方式,推动学生尽早地体验社会,感受社会对专业知识的需求。发挥食品质量安全专业社会性强的特点,通过让学生进入社区,宣传和帮助普通百姓解答食品质量安全问题等社会实习形式,培养学生专业的自豪感和求知欲。根据食品安全过程控制的特点,成立认证资质实践教学小组,带领高年级学生经常深入食品生产企业,应用掌握的食品质量安全认证知识,进行不同种类食品生产质量与安全控制体系的设计。要求完成一种类型食品生产企业食品生产质量与安全控制方案(QS、ISO9001、ISO22000),完成内部审核后,进行班级交流审核,并与认证机构的结果进行比较。另外,在教学实践中还有意识地将相关专业的学生进行混编分组,通过食品质量安全专业与食品工程与工艺专业混编,增加学生相关专业背景知识的互相交流,培养学生系统工程思维意识与能力。

3.基于学科和实验室平台训练体系

通过整合食品质量安全专业所属学科浙江省重中之重学科的优势,成立浙江省实践训练中心,进一步加强学生的工程训练及动手能力、实践能力以及解决实际问题的思维能力。发挥浙江省食品安全联合重点实验室(由我校承担主体建设,浙江省进出口检验检疫局,浙江省疾控中心,浙江省农科院农产品监测监控中心,浙江省质量技术监督局方园检测中心,浙江省食品质量监督检验站)的优势,在疾病控制、商检、海关、技术监督等食品质量与安全的监督管理单位及食品企业设立实习基地、课外活动基地、毕业论文基地等,同时与其他国内外知名企业建立了合作研究实验室(Brookfield 食品物性学实验室、天迈生物食品安全快速检测联合实验室,纽迈科技食品品质 MNR 联合实验室等),充分利用平台进行全方位的实习和训练,促进食品质量与安全创新性型人才的培养。

4.基于导师课题的专项训练体系

将食品质量安全专业导师所研究的“肉品品质控制研究”,“食品安全快速检测技术研究”,“食品感官科学与技术研究”等特色研究课题的部分内容,列入学生开放课题、开放实验或是毕业论文,以创新学分的形式,引导学生主动参与导师科学研究项目,培养学生的科学思维能力和系统思维能力。同时,合理利用导师与知名企业科学研究项目的优势资源,鼓励学生以开放课题等形式,参与导师和企业合作的科研项目。例如在寒暑假期中,安排参与课题研究的学生直接进驻“飞利浦亚洲研究院”、“康师傅基础研发中心”等企业研发中心参与课题研究,使学生除了接受学校传统教育体系的培养,同时还能感受企业人才培养体系的训练,实现“订单化”培养,使学生掌握的技能更加适应企业需求。

5.基于导师特色的梯队训练体系

设立本科生科技导师、学生导师等制度,结合丰富多彩的“挑战杯”、“希望杯”、“新星计划”以及“新苗计划”实验科技活动,低年级学生主要以科技团队成员形式参加高年级学生主持的大学生科技项目研究,通过高年级优秀学生的帮助,结合自己的实际,加深自我理解,激发并培养兴趣。高年级学生侧重科学研究思维能力的培养,鼓励独立申报大学生科技项目,形成教授、副教授、青年博士教师、高年级本科生、低年级生传帮带的实践教学模式,在实践教学环节中,增加师生沟通、师生互动,促进学生在不同阶段确立不同的目标,完成不同的发展任务,最终找到本专业适合自身特点方向和道路。

四、多阶段、多方向、多能力的个性化立体实践体系应用成效

食品质量安全专业在实施多阶段、多方向、多能力的个性化立体实践体系后,学生对实验、实践教学的满意度不断提升,学生专业兴趣得到显著增加,专业思想更加稳固,对专业知识的主动求知欲望明显提高,学生工程思维能力,科学思维能力,系统思维能力得到系统锻炼。在“多阶段、多方向、多能力的个性化立体实践体系”实施的几年中,每年都有多名学生通过参加导师与知名企业合作项目的专项课题训练,毕业后在相应企业就业工作。

参考文献

[1]唐文武，王汉青，王志勇，等. 立体化教学模式的构建与实践——创新能力培养为视角[J]. 湖南工业大学学报：社会科学版，2011，16(8)：105－107.

[2]陈至立. 大力提倡个性化教育[J]. 中国教育学刊，2010，10：1.

[3]张福生. 高校班级授课制下实践个性化教学的策略探究[J]. 内蒙古师范大学学报：教育科学版，2008，21(5)：84－86.

[4]王辉，张小诗，刘海军. 高校创新型人才个性化培养探究——基于 Super 生涯发展理论[J]. 东北大学学报：社会科学版，2011，13(4)：345－348.

（田师一，浙江工商大学食品与生物工程学院讲师，在读博士）

食品质量与安全专业
核心课程教学模式创新与实践

傅玲琳　韩剑众　顾振宇　赵广英

教学模式是指在一定的教育思想、教学理论和学习理论指导下，在一定环境中教与学活动各要素之间的稳定关系和活动进程的结构形式。传统教学模式一般是使用传统的教学手段，完成特定的教学内容的一种课堂教学形式。其特点是教师口授、板书，学生耳听、笔记，教师能根据学生及时反馈的信息了解学生对所学知识的理解程度，调整教学策略以达到预期的教学目的。在传统的教学模式中，教师是教学活动的中心，是教学活动的主体，是知识的传授者，学生是知识的接受者，学生成绩是教师教学水平的反映，教师的教学水平、教学技巧和教学艺术决定着学生的学习效果。这种课堂教学模式长期以来一直是我国学校教学的主流模式。当然，传统教学模式其优点是有利于教师主导作用的发挥，有利于教学的组织管理和教学过程的调控，从而使得教学效率较高。浙江工商大学食品质量与安全专业前身为食品卫生与检验专业，在传统课堂授课教学模式下，已为国家输出大量食品技术检验型专业人才，在企业或事业单位相关岗位从事食品检验工作。

然而，在市场及人才交流日益全球化的今天，培养具有国际视野、国际交往能力、国际竞争能力的人才，已成为我国大学教育的新挑战。显然，大学课堂传统教学模式所培养的人才已不能适应全球化经济快速发展和社会需求多元化的迫切要求。因此，如何形成现代新型课程教学模式体系是实现大学个性化、专业化教育的关键。

目前在国外教学模式的创新实践中，已逐步开展了一种新型教学模式：归纳式(inductive)教学。此类教学模式具体包括探究式学习、基于问题的学习、基于项目的学习、案例教学、发现式学习、适时教学等。这些模式均以学生为中心，一方面学生们在课堂上讨论、解决问题(主动学习)，在课外完成学习小组的任务；另一方面，教师提出和不断完善教学计划、组织教学内容、有效地指导并选择合适的学习评价方法。与传统教学模式相比，归纳式教学模式具有探究性、开放性、团队性、广泛性和系统性等特点：以案例或问题为导向，引导学生探索解决问题的方法，培养学生独立寻找解决问题方法的能力；讨论式的学习方式能增加师生间相互交流，获得知识的渠道也更加灵活多样；同时，学生在讨论解决问题时也有助于培养团队合作精神。目前，国内也有众多院校正在探索建立相关课程的归纳式教学模式，而我们认为，尽管专业课程体系是围绕某一专业的理念和培养目标设立的，但课程具体内容的多样化决定了授课方式必须向多元化发展。因此，建立具有专业特色的新型课程教学模式是探究大学课堂教学模式改革的新思路。

作为国家食品质量安全人才培养的重要基地，浙江工商大学国家特色专业——食品质量与安全教学团队一直以来努力创新与实践课程教学模式的改革。1999年，根据现代食品质量与安全人才需求特点及人才培养模式创新研究出发，展开了系统研究，最终形成“精食品、强检验、善管理”三位一体的技术管理型复合人才的专业培养目标，即培养既掌握检测、检验技术又具备食品安全过程控制及监管能力的新型食品质量与安全的技术管理复合型人才，胜任国家行政(事业)监管部门、企业质量控制等岗位，而且能够满足现代社会不断发展需要的三位一体的“技术管理型”专业人才。基于上述培养目标，结合本专业所开设课程的特点，逐步形成了一整套适应社会发展的有食品质量与安全专业特色的多元化课程教学模式体系。

一、案例教学与理论讲授相融合的归纳型模式

由于食品质量与安全大多数专业课程具有很强的实践性和应用性，单纯的理论讲授会导致学生接受程度低、缺乏活学活用理念、无法透彻理解核心内容等。因此，我们在一些专业理论课程的授课过程中采用了案例教学与理论讲授相融合的归纳型教学模式。案例教学法是20世纪80年代开始出现于教学实践中的一种新的教学方法。20世纪90年代，该教学模式被西方国家广泛应用于医学、法律、金融及环境等学科的教学。美国哈佛大学医学院已几乎全部采用案例教学模式取代传统模式教学，欧美国家有众多知名院校还将该教学模式拓展

至理工类、工商管理等专业的课程授讲。在案例教学法中,学生进行案例分析研究,案例有真实场景描述,也有虚构的,要求学生围绕案例回答一系列问题,将学生分成若干小组,自己去寻找解决方案。为此,学生必须将案例所提供的信息综合起来,找出其中的关键问题及其相关联系,通过回顾、复习和学习课本或理论课讲授的相关知识,应用获取的知识去分析问题和解决问题。案例教学法的应用有助于提高学生解决问题的能力和决策能力。当然,在案例教学的同时,教师将及时点评和总结,最终使零散的知识系统化。

目前,"动物性食品卫生检验"课程正在实践案例教学与理论讲授相融合的课堂教学模式。首先,在理论授课过程中,制作更加完善和生动的多媒体 CAI 课件,提高教学效率。通过各种途径收集更多的素材和检疫检验图片,自制适合教学内容、适应以后工作实践的需要并体现自身教学技巧的个性化 CAI 课件,周密设计教学方案,取舍教学内容,结合动物食品卫生安全的新进展和新要求,把基本原理及概念等形象、生动地反映到课件教学中,使得理论知识系统化学习也富有生动性。其次,在应用实践性较强的章节实施案例教学。比如,在对食用动物进行传染病检验时,发现被检动物口腔黏膜、蹄部和皮肤发生水疱和溃疡,应该如何鉴别诊断,在确诊后应如何进行卫生处理;再如,在学习水产品卫生与品质检验内容时,学生各小组由组长负责制订各自的检验方案,包括样品的采集计划及检验项目方案(感官评定、微生物检验、理化检验、药残测定、新鲜度检验等)等。在案例教学的环节,教师及时地进行综合评定和总结,并指出学生欠缺的地方及解决方法。在浙江省新世纪高等教育教学改革项目(zc2010029)的资助下,"动物性食品卫生检验"课程教学模式改革已初见成效。

二、基于课程核心问题的探究型模式

基于问题的学习模式通过让学生以小组的形式共同解决一些模拟现实生活中的问题为学习途径,从而使学生在解决问题的过程中发展解决问题的能力和实现知识的意义建构过程。由于学生在解决学习问题过程中必然要通过各种学习手段获取解决问题的策略和方法,因此在进行基于问题学习的过程中必然能培养学生获取知识和意义建构知识的能力,这对培养适应信息化新型人才无疑是一种很好的教学方法。

国家精品课程"食品感官科学"即为基于课程核心问题的探究型教学模式的典范。课程教学团队对国际、国内食品科学和食品产业发展历史、现状及趋势,特别是对食品感官学科不同发展时期的内容特点及其对食品工业的影响和演变规律的分析研究，结合我国食品工业与食品消费市场的变化特点，不断调整课程设置、完善课程教学模式体系，形成了以核心概念、问题为背景的课程结构体系。

我们能感知什么：食品感官演化原理；

食品感官分析我们测量的什么：感官属性空间与构建方法；

怎样建立感觉度量的标尺：差别阈与标度原理；

怎样定量样品间的差别度：差别度原理；

感官分析就是差别检验：差别检验方法框架；

怎样让仪器测量食物的感官品质：智能感官原理探索。

通过"食品感官科学"这种基于课程核心问题的探究型模式的创新与实践，确实可以给我们很好的启示：(1)从知识的获得途径看，学生们是在解决问题的过程中通过查询资料、动手做事、相互讨论以及自我反思而获得和理解知识，不是直接从教师和课本中获得知识，而且知识的意义和价值依赖于他们自己所建构的知识之间的一致性、依赖于解决问题的成效，而不是依赖于与权威观点之间的一致性。这意味着，学生们所需要的知识并不完全掌握在教师和课本之中，学生对教师的依赖性大大减小，教师不再是唯一的知识库，而是知识建构的促进者，对学生起点拨和帮衬的作用；(2)学生不仅要发挥各自的主体性，而且还要充分发挥小组的社会性，学生作为一个学习共同体，共同承担责任和任务，同时各自分配一定的认知工作，彼此在知识建构上是紧密相连的，学生不再像以往那样只重视自己与教师的交流而不重视与同学的交流。因此，学习不再只是自己一个人的事，而是大家的事；(3)贯穿学习活动始终的问题解决活动是促使学生持续付出努力的最佳途径，这正是自主学习的动力所在。

三、课程讲授为主，课堂讨论为辅的拓展型模式

我们针对不同课程创新实践多元化的教学模式，如"营养生理学"、"食品卫生学"等课程采用了以课程讲授为主、课堂讨论为辅的拓展型模式。此类教学模式将课程内容分为几大模块，每一模块先由教师系统地讲授，再由学生针对该模块的主题阅读一定量的有代表性文献、撰写小论文和进行课堂 PPT 讨论三个环节。比如，近年来本专业新开设的"营养生理学"课程，在教学设计时把课程内容分为几大模块：营养物质的生理学基础；蛋白质、脂类、碳水化合物、矿物质、维生素等主要营养素的体内生理过程及相互的代谢关系；食品营养价值评定；营养与病理生理；特殊人群营养生理。在讲授完相应模块内容后，分别由学生课堂讨论：营养素在人体内的消化、吸收、转化和代谢过程；营养素的体内作用；动物性

食品的营养价值评定；营养预防与干预；特殊生理代谢条件下的营养需要。这种模式既能够让教师系统地组织和调控教学过程，又能够让学生对每一模块的主要知识点加深印象、拓展新知识，实现“以教为导、以人为本”的理念。

四、以创新科研项目引导课堂实验的探索型模式

实验教学也是课堂教学重要的组成部分，实验教学对于促进理论知识的理解运用，保证整体教学水平起着重要的作用。尤其是我校食品质量与安全专业的核心课程体系中，食品感官科学、食品理化检验、食品微生物学检验、动物性食品卫生检验及食品质量安全快速检测等课程均具有相应的实验教学课程，因此多年来本教学团队致力于创新实验教学模式的改革，以提高学生的实践动手能力，缩短毕业生的工作适应期，增强食品安全专业人才的社会竞争能力。

目前，高校中有各种各样的学生创新计划项目，如我校有“希望杯”学生课外学术科技作品竞赛项目，全国有“挑战杯”系列科技学术竞赛项目；另外，高校中绝大部分教师都有科研项目的研究，以创新科研项目为导向来设计实验项目和内容，提升大学实验的综合性和探索性，增强学生的科学素养、求知能力和学习兴趣。当然，这种课堂教学模式也是“以学科建设、科研平台带动教学改革”的真正体现，达到教学与科研的真正结合。

本专业实验课“食品感官科学实验”中就引入了课程组教师的课题研究内容，形成了全新的思路。以国家级科研项目“味蕾细胞甜味识别的微热动力学研究”、“人工甜味受体的甜味识别热力学研究”等为载体，以敏感力和辨识力为重点的乳头密度测定实验、察觉、识别、差别阈测定实验、时间强度实验，以描述力和记忆力为重点的质地剖析实验、风味剖析实验、词汇建立实验、定量描述实验，以各类方法在产品评价过程的运用和消费者评价为重点的 Likert 喜好实验、JAR、A 非 A、比较与排序实验、葡萄酒综合品尝实验、样品制备与实验设计等系统的实验框架体系，不仅搭建起良好的理论学习与方法训练之间的桥梁，而且充分运用多学科交叉的优势，体现了综合性、开放性、自主性、创新性的特征。

另外，“食品微生物学检验实验”教学中也已逐渐将学科前沿与实验内容相结合。在保证现有国标主要内容和知识体系的前提下，使学生了解食品微生物学检验学科领域（目前暂时没有放入国标中的检验方法）的其他知识及技术和前沿知识及新技术，包括微量多项实验鉴定系统、快速自动化微生物检测仪器和设备、现代分子生物学和免疫学技术的采用（包括 DNA 探针、PCR、DNA 芯片、ELESA、免疫荧光技术、放射免疫和全自动免疫诊断系统）等。目前最新研究的

热门领域为传感器,生物传感器是集生物、化学、物理和信息等领域为一体的一门交叉学科的研究与应用技术,再与免疫学相结合,制成电化学免疫传感器,将其应用于食品微生物学检验的研究。通过这些实验内容的设置,使学生知道在国标之外还有许多先进技术可进行食品微生物学检验之用,真正地拓展知识、接轨前沿、探索科学。

五、以国际前沿为导向的主题型模式

分析不同课程的特点,实施多元化的教学模式,我们认为不仅能激发学生专业学习的兴趣和热情,而且能对书本知识加深提炼和理解且将自身融入到本专业之中,形成一种规范的科学思维。目前,本教学团队的部分授课教师正在尝试探索针对一些专业选修课和专业导论类课程的新型教学模式。比如,为了提升学生的国际化视野,针对一些专业选修课设立国外大学教授短学期定向授课制:授课对象以食品质量与安全专业大三学生为主,每学期分别设立一个短学期,每个短学期构建一个主题,围绕该主题邀请几名国外知名教授讲授相关专业课程,课程设计、讲授、辅导、评测、反馈等全环节都参与其中。我们认为该制度不仅使学生了解到本学科、本专业的世界发展前沿知识,而且能扩大全球化视野和开放性气度,培养融合性的理念,引入全方位交流机制。

另外,专业导论类课程是针对本专业较低年级的学生所设立的,为了让初涉专业的学生对本专业研究领域有大致了解的一类课程。因此,该类课程内容一般涉及本专业的世界发展前沿。目前本教学团队拟构建针对专业导论类课程的主题型教学模式,以教授、博士为主要授课者,围绕 3—5 个主题讲授本专业前沿知识,从而引导学生加深理解本专业的研究方向,提升将来专业课程学习的信心。

六、结语

经济全球化推进了高等教育国际化的发展,各国都致力于培养具有国际意识和创新精神,能参与世界经济竞争的合格人才。在此背景下,我国传统的教学模式急需进行调整,创新与实践新的教学模式。当然,多元化的课程教学模式也必须形成与之相匹配的多元化教学考核制度和评价标准。目前本教学团队中部分课程已经形成或开始形成基于笔试—案例分析—主题汇报—随机课堂测试—课程论文等多层次评价方式。随着多元化教学模式的创新实践以及评价体系的不断更新与完善,必将建立一套完整的国家特色专业——食品质量与安全的课程教学模式体系,真正培养出具有创新精神的国际化、高素质专业人才。

参考文献

[1]赵广英,励建荣,邓少平,等.食品质量与安全专业食品微生物学检验教学改革体会[J].食品科学,2004,25:202—205.

[2]励建荣,邓少平,顾振宇,等.我国食品质量与安全专业人才教育模式的思考与实践[J].中国食品学报,2004,4:109—112.

[3]Srinivasan M,Wilkes M,Stevenson F,Nguyen T,Slavin S. Comparing problem-based learning with case-based learning:effects of a major curricular shift at two institutions[J]. Academic Medicine,2007,82(1):74—82.

[4] Schmidt HG. Problem-based learning: rationale and description[J]. Medical Education,2009,17(1):11—16.

[5]Egan MB,Raats MM,Grubb SM,Eves A,Lumbers ML,Dean MS,Adams MR. A review of food safety and food hygiene training studies in the commercial sector. Food Control,2007,18(10):1180—1190.

[6]Prince MJ,Felder RM. Inductive teaching and learning methods:definitions,comparisons,and research bases. Journal of Engineering Education,2006,4:123—138.

(傅琳玲,浙江工商大学食品学院食品质量与安全系副教授,课程组长,博士)

"食品质量与安全"专业教学国际化的探索与实践

王彦波　韩剑众　顾振宇　邓少平

民以食为天,食以安为先。在全球国际化的背景下,食品质量安全已经不再是局限于一个地区或者一个国家的区域性问题,而是成为一个全世界高度重视的问题,成为牵一发而动全身的全球产业链条中的重要一环。近年来,随着食品生产、加工和消费链条越来越长,食品安全监管难度加大。同时,由于新技术、新材料被广泛应用于食品生产,在丰富了食品种类和口味的同时,也伴生了未知的风险。由此可见,食品安全是世界各国所面临的共同问题,保障食品安全是国际社会共同的责任。每个国家的公民同时作为地球社会的一员,也应当承担这份责任。

在这样的时代背景下,高等教育作为培养人才参与国际竞争与合作的重要手段受到了各国政府的广泛关注。同时,作为对当前政治、经济、文化、科技发展和生态状况的一种回应,各国政府纷纷改革本国的高等教育,面向世界和未来,培养国际化人才。随着逐渐加快的世界经济一体化趋势,食品质量安全专业人才的培养必须进行教学国际化的建设。对教学国际化一般意义上的理解多为"请进来、走出去",然而,随着愈来愈明显的高等教育国际化趋势,作为一种培养人的活动,食品质量安全教学国际化的建设一方面受到当前时代的影响和制约,另一方面指向未来,对现实进行理想化改造。近年来,结合我校食品质量安全国家特色专业的建设与实践,在整合梳理中西方教育优势的基础上,我们通过课程体系、专业核心特色课程、课堂教学方法方式改革、教学团队的国际化建设、与欧美名校(院、专业)建立院际和专业合作关系、引进外教、学生出国交流互访等环节的探索,对专业教学国际化的途径、形式及载体等进行了大胆的探索和尝试。

一、专业培养目标和培养体系的国际化

食品是人类的基本生活保障,逐渐加快的全球经济一体化趋势使得食品安全问题日益成为全世界面临的共同课题,因此,食品质量与安全专业的人才必须具有国际视野,这样才能应对全球化带来的挑战。浙江工商大学食品质量与安全专业一直是国家食品质量与安全人才培养的重要基地。2002 年经教育部批准建立"食品质量与安全"专业,调整并完善了专业培养目标,获得了国家教学成果二等奖。此后结合教育部"卓越工程师培养计划"和新时期食品产业与社会对人才需求的特点,充分利用和发挥我校大商科背景的优势,积极探索和推行全球国际化背景下的创新型人才培养模式,以满足国际化背景下食品质量与安全专业作为我国第三批高等学校特色专业建设点和浙江省、校重点建设专业的需要。在培养体系以及课程设置中,把国际化的实践落实到食品质量与安全专业人才培养的每一个环节。参照国外先进的培养体系,教学中把强势学科的优势转化成教学优势,及时将国际上先进的科研成果转化为专业课程教学内容,使得学生能够及时地获取最新的科学研究知识,得到前沿的科学思想与科学方法。专业培养目标和培养体系的国际化取得了一定的成效,学生对本专业的认同感大幅上升,出国继续深造本专业的比例和在国际知名企业就业的人数均有显著上升,受到了社会的一致好评。

二、专业核心课程和特色课程的国际化

食品质量与安全专业根据全球社会经济一体化发展对人才的需求特征,立足于国际前沿,对课程相关的内容进行了进一步的修改和规范,逐渐形成了食品感官科学、食品品质学、食品质量与安全快速检测等专业核心和特色课程资源,为国际化创新型人才的培养提供了良好的平台。其中"食品感官科学"建设成为省级、国家级精品课程,课程负责人获浙江省第五届高等学校教学名师称号。为了配合专业课程的国际化探索,结合浙江省重中之重重点学科建设和学校蓝天计划选派出国人员进修工作,定期挑选优秀团队教师到国外进修、合作研究或学术交流,增强自身的竞争力,目前多数专任教师具有海外背景。"食品感官科学"在建设成为国家级精品课程的过程中,注意发挥了融入国际化元素的专业核心特色课程建设示范作用,带动了其他课程的国际化探索。此外,食品感官科学、动物性食品卫生检验、食品质量安全快速检测等核心课程均具有相应的实验教

学,结合新的国际化背景进行了改革和探索,以设计性实验逐渐代替验证性实验,提高了学生的实践动手能力,缩短了毕业生的工作适应期,增强了食品质量与安全专业人才的社会竞争能力。实践证明,学生在"挑战杯"、"希望杯"、"新星计划"以及"新苗计划"等科技活动的专业技能显著增强,参与度和获奖率同样显著提高。

三、课堂教学方法与方式的国际化

传统的课堂教学方法和方式是演绎性的,已经不能满足日益加速的高等教育国际化进程。而探究式学习、基于问题的学习、基于项目的学习、案例教学、发现式学习等归纳式课堂教学方法和方式逐渐成为国际主流。食品质量与安全专业课堂教学方法与方式是围绕这一专业的培养目标而设立的,课程具体内容的多样化决定了授课方式必须向多元化发展。"食品感官科学"的教学模式就融合了国际上公认的案例教学与系统化理论讲授,通过对全球食品感官学科不同发展时期的内容特点及其对食品工业的影响和演变规律分析研究,形成了以核心概念、问题为背景的课程结构体系,通过案例分析、方案评估和理论总结,最终形成食品感官理论的系统化。通过课堂教学方法与方式的国际化改革探索,学生不仅提高了学习的热情,而且增强了在国际化背景下,独立分析问题和解决问题的能力,学生考取江南大学、浙江大学、上海交通大学等高校研究生的比例有了显著地提高,深入的调研结果发现,招收本校学生为研究生的导师的综合满意度接近100%。

四、实践教学体系的国际化

在"五阶梯一体化"学生实践平台基础上,近几年来,食品质量与安全专业立足于学科建设的优势及悠久的教学传承,通过加强基础教学平台建设,充实专业实践平台和利用社会资源,形成了完整的从大一到大四、从课内到课外、从校内到校外一体化学生实践训练的递进平台,全面提高学生实践创新能力。2010年,以研究为基础的学生创新创业项目"浙江智舌科技有限公司"力挫群雄获得全国"挑战杯"金奖。目前,食品质量与安全专业依托先进的国际实践创新理念,结合食品科学浙江省重中之重重点学科建设,以联合省内五家政府职能部门共同成立的浙江省食品安全重点实验室为支撑,建立了广泛的国际社会联系。一方面通过专业外籍教师讲座、国际学术会议举办、网络国际对话等特色活动,拓展了学生的视野、提升了学生创新的能力。另一方面充分利用各种平台,开展食品质量与安全专业学生的毕业实习、专业实践、社会调查等的教学实践活动。目前，我们已经与雀巢、达能、飞利浦等跨国企业建立了长期的稳定合作。实践证明，通过实践教学体系国际化的探索，有更多的学生选择了出国继续深造和进入跨国公司企业，进一步的调研发现，毕业生在社会受到欢迎，在不同层面的食品质量安全监管中起到重要作用。

通过与国际品牌企业建立基于学科的项目合作、联合实验室、产品研发等，极大地促进了学生对国际知名企业的了解、关注及食品企业国际化的商业运作。同时，也使学生对这些大企业的用人要求、特点及知识能力等有了深刻的理解，对国际化食品产业的趋势、消费特点以及基于人群健康营养的国际前沿研究有了深刻的了解。

五、做大、做实、做强传统国际化的途径

增强实力的最便捷的方法，就是把自身优势做大、做实和做强。在探索食品质量与安全专业国际化建设的过程中，对传统的国际化途径进行了尝试和深化，并取得了一定的成效。

通过构建强强联手的国际伙伴阵营，提高食品质量安全专业声望，增强国际影响力。目前，我们已经与美国、英国、日本等国家和地区签订合作协议，在教学、科研和人才培养等领域展开密切的合作与交流。此外，我们还积极与美国康奈尔大学、乔治亚大学等多所国外重点大学洽谈，争取签署校级合作备忘录等相关协议。

通过选择优秀的学生参与国际合作项目，参加国际交流合作，促进专业建设的国际化。目前已经采取多种形式与日本香川大学、美国纽约州立大学奥斯威戈分校、美国弗吉尼亚理工大学等开展互换学生、短期交流、海外实习等举措扩展学生国际交流的途径。并通过组织短期赴国外交流回来的学生与同班、同年级其他学生的交流学习内容，让更多的学生在国内间接接触国际化课程。

通过邀请具有国际化教育背景的外籍专业教师授课，实施专业的国际化课程教学。在邀请美国大学教授授课过程中，通过在课程设计、讲授、辅导、评测、反馈等全环节的参与，不仅拓展了本土教师的国际化视野，培养了融合性的理念，引入了全方位交流机制，而且可以使学生参与了解到本学科、本专业的世界发展前沿知识，在国内就可以真正体会国际化课程教学的模式。

通过国际化网络和媒体环境，在积极利用相关资源的同时，努力搭建宣传舞台，拓展国际影响力。我校食品质量与安全专业作为教育部指定的六个社会热

点特色专业之一，中央电视台曾实地拍摄了专题片《食品质量与安全专业教育》，在国际频道和其他频道反复播出，在国际上产生了较大的反响。此后中央电视台《走近科学》栏目，以我校食品质量与安全专业食品感官科学实验室为背景，拍摄了系列片《舌尖上的舞蹈》，同样引起了国际上的热议。

通过借助于国际会议等平台，分享专业学科国际化的成果，进一步拓宽食品质量安全专业人才培养渠道。2011 年 5 月我校承办了食品科学领域的高水平国际学术会议——第九届国际食品科学与技术交流会，来自中国、美国、英国、法国、德国、加拿大、澳大利亚、日本、埃及等十多个国家的著名食品专家和代表超过 200 余人参加了会议。此次会议，不仅融合了国际创新的理念，展示了最新的学科成果，也促进了国际化的建设。

在专业教学的各个环节首先贯彻并强化国际化的理念，通过一系列有形和无形的渗透，使教师的国际化和学生的国际化相互融和，逐渐探索、实践了一条具有学院特色的国际化新路径。

参考文献

[1]孙满吉.探讨提高大学课堂教学质量的有效途径[J].东北农业大学学报:社会科学版,2011,9(4):71—72.

[2]关少化.生命意义下的大学课堂教学[J].中国高教研究,2011,10：91—92.

[3]李定仁,徐继承.课程论研究二十年[M].北京:人民教育出版社,2004.

[4]赵云梅.美国大学课堂教学活动中学生评价职能探析——佛罗里达大学为例[J].赤峰学院:学报科学教育版,2011,3(10):252—254.

[5]费兰凤.内隐学习理论对大学课堂教学模式的启发[J].长春师范学院学报:人文社会科学版,2011,30(6):167—169.

[6]罗莉萍,王刘刘.新形势下加强食品质量与安全类专业实践性教学环节的思考[J].安徽农业科学,2007.35(5):1486—1487.

[7]刘迎春,熊志卿.应用型人才培养目标定位及其知识、能力、素质结构的研究[J].中国大学教学,2004.10:56—57.

[8]潘群.关于提高学生实践能力的思考[J].武汉科技学院学报,2007.20(2):76—78.

[9]何红.试论我国高校工科学生实践动手能力的培养[J].科技咨询导报,2007.1:250.

[10]张敏，肖新生，夏岩石，等. 食品质量与安全专业应用型人才培养目标与质量标准研究的思考[J]. 中国轻工教育，2010，1：34—38.

[11]辛志宏，史秋峰，胡秋辉，等.“技术管理型”食品质量与安全专业人才培养改革及实践[J]. 中国农业教育，2009，6：25—28.

（王彦波，浙江工商大学食品学院食品质量与安全系副教授，院长助理，博士）

"工商融和"创新人才培养理念下的食品类专业学生科技活动体系建设及实践

吴遵义　顾振宇　余　斌

工程教育在当前和今后相当一段时期都是中国高等教育的重头戏,工程创新人才培养应是各类创新人才培养模式创新的突破口。食品类专业"工商融合"卓越工程师的培养应有"品行、能力与知识"三个维度,而作为这三个维度的重要载体,学生课外科技创新活动有其独特的优势,是培养"工商融合"卓越工程师的重要基础平台之一。

一、学生课外学术科技创新活动的特点

学生课外学术科技活动包含三方面内容:一是学术科技的学习,二是学术科技的创新,三是学术科技的应用,这三个方面构成了学生学术科技活动的完整体系。其形式有科技立项申报与研究、社会调查与研究、科技作品评审、科技作品展示、科技竞赛、科研讲座、科技参观、科普宣传展览等。学生课外学术科技创新主要是通过在活动中培养思维、在思维中凸显个性、在个性中彰显创新,它有着与其他科研活动不同的特点。

1. 学生课外学术科技创新活动重视创新主体的道德培育

在培养大学生创新精神过程中,坚持道德导向至关重要。"创新"是通过比较才能体现出来的相对意义的概念。有比较就有竞争,创新精神的培养必然伴随竞争观念的树立。竞争和创新存在两个指向,一是力度,二是向度。通过创新活动,既要培养具有创新精神、竞争能力的人,更要把握好优秀人才成长的道德

向度。如果培养出的创新人才缺失了道德的维系、理想的支撑，就可能给社会秩序和经济秩序带来很大的破坏。坚持创新主体的道德培育，培养具有创新精神、竞争能力和高尚道德的人才是学生课外学术科技创新活动开展的初衷。

2. 学生课外学术科技创新活动重视创新主体学以致用

学生课外学术科技创新活动是教学活动的持续和深入，参加科技创新活动，可使学生加深对已学教材的了解，培养对未知课程的兴趣，熟练实验技能；通过查阅资料，收集信息，可了解到本学科最前沿的科研进展，接受最新高精尖科研信息，开阔眼界；通过实践，学会从事研究的步骤和方法，为以后的学习打下坚实基础，使教与学有机统一，充分调动教学双方的积极性和主动性，有效促进专业知识与实际应用相结合。

3. 学生课外学术科技创新活动重视创新主体成果转化

学生课外学术科技创新活动成果只有实现社会化、产业化，才能体现科技创新成果的实际价值。科技创新成果要成功社会化、产业化，就得要求科技新成果具有现实生产力转化的品质，要尽可能转化到产业链中去。创新活动可以在校园、企业或者科研机构完成，要实现产业化，就必须在企业化、市场化的机制里实现。这样引导，一是为了使大学生的课外学术科技创新活动能够成为社会经济发展体系中的重要组成部分，为国家经济建设提供直接的支持；另一方面，是为了引导大学生关注社会、了解社会、介入社会，理论与实践结合。

二、学生课外学术科技创新活动在卓越工程师培养中的重要意义

1. 学生课外学术科技创新活动有利于学生树立正确的世界观、人生观、价值观，符合卓越工程师的品行维度

在科学技术飞速发展的今天，现代科学研究的模式不再是单枪匹马的孤军奋战，而是越来越依赖于人们的合作探索。因此，大学生要参与社会竞争并实现事业的成功，就必须学会与他人合作。在课外学术活动中，一个团队把每个成员的机智、耐力、毅力、自信、知识集结在一起，使他们相互结合、相互补充，彼此坦诚、信任，学会分享与合作，学会沟通和交流，树立乐于合作的团队精神，学会用发展的眼光、科学的态度、严谨的思维来看待问题，分析问题。

2. 学生课外学术科技创新活动能够促进大学生对基础知识、专业知识的学习，符合卓越工程师的知识维度

掌握扎实的基础知识、专业知识是新时期高素质创新人才必须具备的基本素质。提倡创新教育、素质教育，打好基础是关键。没有扎实的专业知识作为铺垫，就不可能在课外学术科技活动中有所斩获。只有熟练掌握固有知识，在知其然的同时更知其所以然，才能够在遇到新的问题时举一反三，才能在需要创新的时候，灵活地将自己掌握的知识付诸实践。所以在参加课外学术科技活动的过程中，大学生不仅进行着思考创新，也同时对基础知识和专业知识进行着温习和重新认识，以求达到融会贯通。

3. 学生课外学术科技创新活动能够促进学生扩大知识面，追踪学术的最新成果，培养大学生学以致用的能力，符合卓越工程师的能力维度

一件合格的课外学术科技作品是学生对大量固有知识的积累和吸收后，通过思考和实践，提取相关知识重整、归纳、总结而出的成果。作品前期准备信息量往往是作品本身信息量的几倍甚至更多。同时，优秀的课外学术科技作品往往追随着时代的脚步，洞察着社会的身影，适应着社会大环境，结合着社会的特点，并将其转化为社会价值，实现了学以致用。

三、学生课外学术科技创新活动的实践

以"挑战杯"大学生课外学术科技竞赛和"挑战杯"大学生创业计划竞赛为标志，学生课外科技创新活动走上了系统化、规范化轨道，并逐步向市场化、社会化迈进。为此，各个大学也确定了课外学术科技创新活动在校园文化中的主导地位。我院也对学生课外学术科技创新活动进行了积极地探索和实践。

1. 以学术社团为依托，搭建科技平台

我院食品学会是专业学术型社团，校甲级社团之一，成立于 1990 年 4 月，旨在培养具有一定专业知识、动手能力强的创造性人才，搭建学生科技平台。以食品学会为阵地，大力开展科技文化节、科技竞赛、企业参观、学术讲座等活动，在深度和广度上大大提升了校园学术氛围。

2. 以科技委员为纽带，扩大参与面

为了使我院学生科技更好的发展，更多的同学积极参与学生科技，我院在班级团支部中设立科技委员一职，主要负责课外学术科技活动信息上传下达和学院相关学生学术科技活动措施的解读与宣传，以消除学生对科技创新活动的神秘感和敬畏感，使人人都可能成为科技活动的一分子。

3. 以全员育人为导向，完善导师制

学院出台了《学生导师业绩点计算办法》，办法规定了每位老师的学生科技指导业绩点，细化了导师的具体任务。同时，学院还配套出台了《关于教师指导学生科技创新活动奖励办法的通知》，对在学术科技竞赛活动中做出重大贡献的老师给予物质和精神方面的奖励，从而营造了每位教工想参与、乐于参与指导学生课外学术科技活动的良好氛围。

4. 以社会实践为载体，加强科技实训

科技、文化、卫生三下乡是学生课外学术科技活动的有效媒介，学院以大学生为主体，以学生自由组队，自主提出科技项目，自己寻找指导教师的"三自"方式，成立学院社会实践组织领导小组，设立社会实践科技专项奖学金，推动学院学生课外学术科技活动的开展。

在探索中成长，在成长中收获。近三年来，我院学生课外学术科技取得喜人成绩：2009 年，我院作品"新型高分子配为体的合成及在重要金属检测中的应用"在浙江省"挑战杯"竞赛中荣获了一等奖，并在当年度的全国"挑战杯"中，荣获三等奖，在浙江省第一届大学生生命科学竞赛中，荣获优胜奖；2010 年，在浙江省第四届高校基础化学实验技能竞赛中我院学生分别获得无机化学实验操作二等奖和三等奖，在浙江省第二届大学生生命科学竞赛中，荣获三等奖。在"盼盼"杯烘焙食品创意大赛中，一项作品获得三等奖，五项作品获得优胜奖；2010 年，我院作品"智舌科技有限公司"在浙江省"挑战杯"竞赛中荣获了特等奖和最佳创意奖，在全国挑战杯竞赛中荣获金奖；2011 年浙江省挑战杯学术科技竞赛省一等奖；2011 年第一届华东区大学生 CAD 应用技能竞赛三等奖。

四、学生学术科技创新活动的问题及不足

虽然我院的学生课外学术科技活动取得了丰硕的成果，但也应该看到，一些浮于表面的或隐于背后的问题，严重阻碍和制约了学生学术科技活动向纵深方向发展。具体来说，学生学术科技活动中主要存在以下几个问题。

1. 教学计划的缺失

学校现有教学计划难以激发大学生的科研氛围，也造成了大学生参与科技创新活动的时间不足。大一的学生虽然很有热情，但对科研不知从何下手，大二的学生才开始学专业课，而大三的学生又要准备考研，大四的学生主要是为了考研和就业，很难让学生有精力从事科研，而教师也很难找到真正对科研感兴趣且优秀的学生参加科研活动。

2. 经费投入不足

学生科技创新活动要正常开展，并抓出新成效，人是决定性因素，资金和场地是重要的保障。当前，对大学生科技创新活动的人、财、物投入问题，我院主要表现为忽视科技创新活动的组织管理队伍和指导教师队伍建设，专门用于学生开展课外科技研究活动的设施设备数量极其有限，这些问题的存在，在很大程度上制约了我院学生科技创新活动层次与质量同步提高。

3. 基础理论研究方面的多，应用型的少

我院大部分教师是搞基础理论研究的，这导致了大多数学生在选题时选择基础理论研究的课题，而应用型的则较少，这与我院卓越工程师培养理念不相符。

五、学生课外学术科技创新活动体系的完善措施

1. 优化课程设置，将学生科技创新活动纳入教学计划，注重多专业、多学科协同作业

学院组织学术委员会、校外专家等对教学计划进行优化，建议将学生科技活动模式纳入应用性教育教学环节，为大学生开展科研活动开设相关的课程，为学

生开展科研活动奠定基础。同时，在学生学术科技创新活动中鼓励项目负责人向全校跨学科、跨专业、跨年级招募合作者。

2. 加大企业与大学生科研的合作力度，建立开放性创新实验室，构建学生创新实验平台

作为科研，绝对不能单纯地为了搞科研而搞科研，一定要注重它的社会经济价值，一定要与社会企业的实用性相结合。我们开展大学生科技创新活动，一定要充分利用有效的社会资源，要走出去，引进企业的资金来支持大学生的科技，这不但解决了大学生开展科技创新活动的资金问题，也有效地解决了大学生科技成果转变生产力的途径。此外，让学生参与教师与企业所合作的项目研究，以提高学生的科研能力和科技创新能力。

3. 加强制度建设创新，增加对应用型项目的引导

要营造学生科研氛围，提高师生参与率，加强制度创新，提高组织管理水平是关键。为此，必须高度重视制度化建设，以健全的规章制度增强组织管理的科学化、规范化水平。而在学生科研的组织管理工作方面，重点是抓“四个环节”，即立项申报、过程指导、结题评审、成果展示。建立起内容涉及科技创新活动的组织管理、活动阵地管理、学生科技项目管理、科研经费使用管理等一系列有关学生科技创新活动的规章制度。同时，要通过政策手段加强对学生参与的应用型项目的引导和扶持，要逐步转变“重基础、轻应用”的局面，使我院学生在实用新技术研究方面能够取得一定的成果，全面提高我院人才培养的质量。

学生课外学术科技创新活动对学生品行、能力和知识三方面的培养和提高均有不可忽视的作用，为“工商融合”卓越工程师的培养提供了切实可行的支撑平台。

（吴遵义，浙江工商大学食品与生物工程学院讲师，在读博士，学办主任）

立足校内环境,构建工程与科研训练新平台

王　琪　邓少平

随着高等教育“质量工程”的启动,我国高等教育进入了一个新的发展时期,这个时期的一个突出特征是:本科生的“创新意识与实践能力培养”成为教育界和社会各界所关注、所期待的热点问题,其中热点中的焦点又是工程教育与工程训练。然而,什么是“高等工程教育”,它与科学教育的区别在哪里?中国的高等工程教育是继续把自己委身于纯粹的科学教育或泛化的素质教育,悠然自得地走着“学术化”的道路,还是将工程教育从科学教育的方式下解脱出来,还工程教育以本来面目,并更多地去关注工程实践能力的培养?这也是在新的形势下高等教育不可回避的新问题,值得我们基层教育工作者去深思、去努力探索与实践。

一、现代高等工程教育所面临的问题

面对科学技术的突飞猛进和全球产业结构的调整和重塑,能否维持我国良好的经济发展势头,并在今后形成强大的竞争力,很大程度上要依赖于未来工程师们的创造性。但目前高等工程教育的尴尬,不能使我们回应快速变化的教育环境和社会人才需求,这就造成了当今所谓的“就业悖论”。高等工程教育所处的社会环境在不断变化中,而目前大学教育的理念及模式在很多方面则相对滞后,主要面临以下各方面的问题。

第一,没有真正认识到工程问题的跨学科本性。我国的工程教育很大程度上或等同于科学教育,或降格为狭隘的技术教育,从而造成学生视野狭窄。工程

既不同于科学,也不同于技术,而是在科学和技术基础上形成的跨学科的知识与实践体系。

第二,忽视了从实践中获取知识的重要性。在学分学时有限的情况下,不能科学协调人文与科学基础课、专业课和实践环节的增减关系,教育培养方案设计上过于偏颇,过于极端,甚至造成在几乎没有实验和实习的条件下培养工程人才的窘迫局面,从而使得工科学生的动手能力普遍较差。

第三,缺乏整体思维和工程设计的训练。以学科为基础的分门别类的教学,缺乏工程特色,而以问题为中心的跨学科专业课(包括人文教育类)少之又少,不能很好地体现出工程的特殊性,使学生们很难体会到各个学科之间的有机关联,难以从整体角度去理解工程,因而也难以处理工程伦理和决策问题。

第四,人才培养模式千人一面。学校的盲目扩招,师生比激增,教师疲惫游走于课堂与课本教学,缺少"亲教"的现实环境,人才批量生产模式盛行不衰,教育投入跟不上,因此教学设施更新慢、数量少,教育创新阻滞不前,培养过程和培养规格单一,人的创造性就在千人一面的培养模式中消磨殆尽。

第五,许多的所谓校外实习基地成为装饰的花瓶。一个非常重要的现实是,近 20 年来我国经济发生了翻天覆地的变化,从计划经济时代完全过渡到市场经济时代,这期间企业体制及责任归属也发生了根本的转变。近五十多年来高等教育的工程实践主体几乎全部依赖于社会、企业或部门,而这些企业已经由过去的国有转为民营或私有,很难再承担对高校工程实践教育基地的责任与义务,这便使得目前中国的高等工程教育处于一个十分尴尬的处境。

上述诸多问题带来的一个明显后果,就是学生工程实践能力不足,创新能力不强。在市场经济条件下,在技术更新速度很快的情况下,这类学生在学校获得的知识将很快过时,但由于他们不具备自我更新知识的能力,就既不能适应当下的实践要求,更不可能成为技术进步和工程创新的领军人物。这是我们每一个教育工作者必须高度重视的现实所在。

二、坚定不移把握高等工程教育的目标定位

工程科学与技术是一个国家产业经济发展的立足之本,而高素质的工程人才是这种发展的主要支撑。现代工程教育不仅是工程技术人员的知识体系和能力素质形成的基本保证,更是对创新精神与创新能力地培养有着决定性的影响。因此,适应新时代要求的工程教育应该是多学科交叉,其教学内容也要多样化发展。工程知识的长期积累已使人们形成了一种独特的思维模式——工程思维。

工程思维是对工程知识掌握的一种凝练，所有学生都应该对工程思维有一个基本的把握。这一基本把握是在理科、工科、社会学科三个领域所构建的平台上练就的。而知识传授、能力培养、素质养成是组成这一平台的核心内容，这些核心内容的深厚内涵通过特定的载体，呈现在学生面前。

首先是课程体系作为知识的载体，向学生传授科学原理、工程原理、工程技术，传授社会和人际交往的知识，传授工程实践与技术创新方法论，让学生建立大工程意识，建立工程价值观念，锻炼管理能力和组织能力。其次是实践环境作为能力的载体，为学生提供对科学发现和技术创新方法的训练，让学生在基本技能训练中，在对工程技术问题进行综合实践中获得对科学技术原理的验证和体会，获得对技术与非技术因素的感性认识。关键在于提高学生获取知识的能力，增强创新意识，对工程系统和要素有进一步的了解，是学以致用的一个过渡。另外是校园文化作为素质养成的载体，使学生在校风建设、教风建设、学风建设和社团运作中培育情商，培养团结协作的精神与参与意识，成为具备现代工程师潜质的正派人、明白人、积极向上的人。

作为一名现代工程师，应该能综合运用科学的观点、方法和技术手段来分析与解决各种工程问题，承担工程科学与技术的开发与应用任务。他应具备知识、能力、品德三个方面的基本素质。其面对实际的工程任务，必须作出判断并设法解决四个问题。

(1)会不会做(能否综合性整体性设计和解决问题)；

(2)值不值得做(是否具备经济学理念)；

(3)可不可以做(是否符合政策法规、生态及社会公德)；

(4)应不应该做(是否有违文化传统和民族习俗)。

其内涵体现了现代工程师的综合素质和能力，也界定了其能力和品格的范畴。新一代工程技术人员不仅要回答“会不会做”，更要回答“该不该做”，也就是说，必须以“做人”来统帅“做事”。工程不是靠一种知识就能支撑的，也不是靠一个人就能完成的，所以合格的工程师还必须具备团队精神，要善于合作、善于协调。

作为培养工科人才为主的学院，我们必须坚持以加强创新人才培养为目标，以实施创新教育为主线，以推进人才培养模式改革为抓手，推进工程教育走向纵深。近年来，我们研究了国内外高等教育的实际情况，根据现代工程教育的内容体系，立足校内环境，对本院工科专业的教学建设进行了基本定位，对人才培养方案进行结构分析，建立了有特色的课程结构体系和强化工程与科研能力的训练模块,加大工程与科研训练平台建设的力度,以此体现工程教育的改革,并取得了较好的效果。其基本的内容和方法如下。

1. 坚定不移的把握高等工程教育的目标定位

以优势学科——食品科学与工程学科为支撑,以良好的师资和实验条件为载体,以挖掘潜力和培养能力为核心,坚定不移地实施工程教育的内核,培养适应社会需求的应用型专业技术人才。

2. 以工程的理念构建培育特色专业课程组结构体系

我院工学类专业的培养方案有一个共同的模式:学科导论课+基础平台课程+专业特色课程组+工程训练+科研训练。

"学科导论课"作为大学开门第一课,由院长、系主任、博导为主讲,激发学生的专业认同与专业激情,引导学生的学习思想与方法,跨越新生适应期壁垒。

"基础平台课程"是以工具性基础和知识性基础为内涵的基础课程群,以五统一(统一学分、统一大纲、统一教材、统一试卷、统一考核标准)、四稳定(学分学时相对稳定、大纲相对稳定、教材相对稳定、教师相对稳定)、教考分离、校外组卷和课程组流水阅卷为建设规范,体现了"以基础为背景、以能力为核心"的现代教育理论。

"专业特色课程组"是以学科特色和师资优势而设置的,充分体现专业和时代特征,重点建设具有工程代表性的3—5门专业课程,内容相互衔接,连通一体,强调精品,打造特色。

3. 基于校内环境,建设工程实训与科研训练平台

借助工科学院的优势,充分利用校内资源,对现有各学科和专业实验平台进行功能整合,设立独立的工程训练学分与科研训练学分,针对现代工程教育理念设置并开发有工程特色的训练项目,结合教师在研项目提供学生参与科研和提高创新能力的机会,强化学生工程能力的训练。

三、立足校内环境,努力构建工程与科研训练新平台

1. 基于校内环境的工程与科研训练新平台

为了强化学生工程能力的培养,我院构建并实施了"立足校内环境为主体,以工艺操作为基础,以工程设计为主线,以科研训练学分和工程训练学分为依

托，课内课外、校内校外相互补充”的工程教育教学体系，其主体结构和相互关系如图1所示。

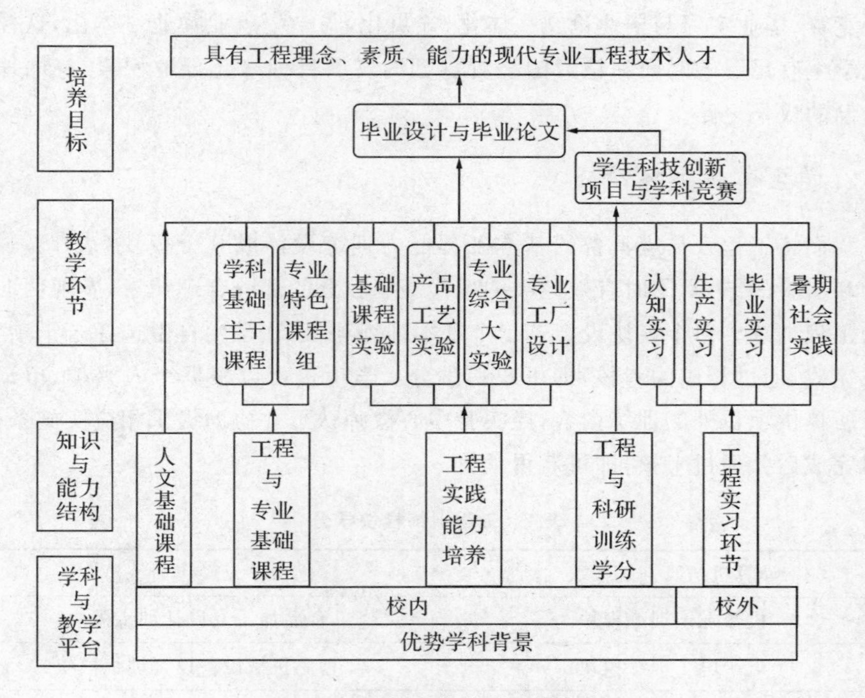

图1　工程教育教学体示结构图

该体系结构图涵盖的具体内容为以下几点。

(1)每个专业至少开设两门专业课程实验与一门专业综合大实验；

(2)提倡毕业论文与毕业设计并重，努力加大毕业设计的比重；

(3)结合创新性教育理念，本科四年必须完成各2学分的工程训练与科研训练；

(4)提高计划内实验实践学分比例，强化开放实验与综合实验环节；

(5)立足校内为主，校外为辅，设计能够体现工科本科应用型人才特色的能力训练模块。

将工程训练与科研训练单独设置学分，是一种新的工程教育尝试与探索，目的是强化工程意识和动手实践能力，养成科研素质，提升就业竞争力。工程训练和科研训练贯穿1—3年级，分别安排2个必修学分，共4个学分。工程训练在1—2年级完成，科研训练在2－3年级完成。这两个模块没有专业的界限，不与具体课程挂钩，不占课内学时，时间安排上相对分散，自由选择项目，完全以学生的兴趣为背景，充分体现和培养个性化发展。

此外，在整个大学四年我们提倡鼓励将工程训练、科研训练、科技创新项目、学科竞赛、毕业实习与毕业论文一体化、连贯化，与学生就业择业一体化，这样可以让学生有足够的时间和精力围绕着自己的发展目标来充分地积累，有序地铺垫自己的成长之路。

2. 学生工程训练学分

我们将工程人员应具备的基本工程能力训练设计成8个模块(表1)，强调设计和实验的结合，同时有效地吸纳现代高职教育的部分合理元素，展现面向实际的工程训练。每个模块设定若干个基本训练项目，让学生自由选择若干项，按要求完成，通过相应的考核，即可获得学分。学生也可以根据个人兴趣，申请组织者所提供项目外的训练内容，经实验中心教师认可并协助提供相应实施条件，项目完成后并通过考核，即可获得学分。

表1　工程训练模块学分

计算机仿真训练模块	化工单元操作训练模块
机械加工训练模块	食品加工及设计训练模块
电子电工训练模块	食品机械设备设计训练模块
仪表及自动化设计模块	创新设计制作模块

3. 学生科研训练学分

在大学2—3年级设置科研训练学分，是对目前世界流行的大学生科研训练计划(Student Research Training Program 简称 SRTP)的一种尝试，是本科实践教学改革的重要内容之一。我院的学科优势及科学研究环境为我们营造学生科研训练平台创造了条件。通过教师或学生立项，给予一定科研经费的资助，为本科生提供科研训练的机会，使学生尽早进入各专业科研领域，接触学科前沿，了解学科发展动态。科研训练由学院统一组织，以在研科研项目作为载体，采取训练与各类学生科技创新活动相衔接的方式，接纳青年教师、博士研究生或二年级以上硕士研究生作为科研助理，协助完成每届学生的科研训练学分。从学生踏入校门开始，以各种方式使学生逐步融入学科实验室，通过科研训练，既可以增强学生创新意识，培养学生创新和实践动手能力，又加强了合作交流和团队协作精神的培养，使学生综合素质得到进一步提高。

为了使工程训练和科研训练顺利实施，我院投资数百万建设了"工程教学与实训中心"，并成立了"学生工程与科研训练工作小组"，分别起草《学生工程训练实施细则》和《学生科研训练实施细则》，规定组织方式及学分认定方法，广泛征求意见后施行，并在实践中不断改进和完善。

我们认为，学生的专业能力是学生就业能力、适应与发展能力的重要基础，而这种能力是建立在完备的工程训练和科研训练基础之上的。在目前高等教育的社会环境下，已经不能完全依赖社会提供学生的这种实践条件，所以必须坚持立足校内环境，充分利用和整合现有资源，主动构建工程训练与科研训练的新平台，实现学生工程教育的全过程，这应该是现阶段中国高等工程教育发展的一个新的历史使命。

参考文献

[1]顾秉林.中国高等工程教育的改革与发展[J].高等工程教育研究，2004(5):7—10.

[2]朱高峰.关于中国工程教育的改革与发展问题[J].高等工程教育研究，2005(2):7—15.

[3]王树国.面向和谐社会的高等工程教育创新[J].科学中国人，2006(7):56—59.

[4]李正熙.提升高等工程教育质量的几点思考[J].中国高等教育，2006(Z1):62—64.

（王琪，浙江工商大学食品与生物工程学院副教授，教学督导）

"工商融和"背景下
食品专业本科毕业生就业问题的思考

余　彬

近年来高校的不断扩招,毕业生人数骤增,全国食品相关专业毕业生人数也逐年增长。与此同时,社会所能够提供的就业岗位却保持了相对的稳定,在这种情况下必然导致就业压力的增大和人才竞争的残酷。2011 年全国普通高校毕业生规模将达到 660 万人,当前高校毕业生就业形势依然严峻,工作任务仍然艰巨。

面对如此严峻的就业形势,必须全面加强就业指导服务工作,努力提高服务水平。高校要全面加强就业指导服务工作,努力提高服务水平。进一步落实就业指导人员、机构、经费"三到位",提高就业指导服务的"全程化、全员化、信息化、专业化"水平。社会、学校、学生本人是整个就业环节的重要因素,而高校则是培养学生的重要场所,是解决就业问题的关键一环。因此立足校情院情,科学定位,研究食品专业人才培养模式作为学院办学特色,提高毕业生就业创业能力,对于解决实际就业问题有着非常现实的意义。

一、普通本科院校本专业就业现状分析

1. 就业环境差

随着改革开放的深入,我国食品企业发展较快,很多食品企业缺少人才,急需人才,但食品专业学生不愿到食品企业就业,因为大多数毕业生进企业后大多从事与普通工人一样的在车间的手工劳动工作,工作时间长,就业层次低,在大

学学习的专业知识无用武之地。很多学生不能吃苦,失去提干机会也是造成就业率低的原因之一。

2.部分企业要求与学生知识和素质不相符

现在很多企业对大学生都要求实践动手能力强,上岗就工作,然而学校不具备提供生产企业所有的设备和工厂环境来给学生实习,学生对一些没见过的设备和工艺比较陌生,因而很难适应这样的工作,也有部分企业对学生知识水平要求较高,大多学生达不到企业要求,无法就业。

3.大学生的创新能力和创业意识较差

虽然目前具备很好的大学生创业条件,但几乎没有该专业大学生创业,究其原因无外乎两个:一是没有学到可以直接创业的技术;二是创新能力差,没有创业压力和动力,怕吃苦,贪图安逸。

综合食品专业学生就业现状,发现专业人才培养不足严重影响和制约了该专业的发展,学生不能适应社会的要求和需要,也是影响食品专业毕业生质量与就业的主要原因。多年来我院围绕这些问题开展不少研究工作,并取得了很多好的成果。学院领导和教授们对食品专业人才培养进行了深入分析,提出了以就业为导向,以"工商融和"食品专业人才培养作为学院办学特色,提高就业率,是我们研究的重点,难点在于这个方案如何强化"工商融和"食品专业人才培养办学理念、内涵建设、师资结构、文化氛围。

二、"工商融和"食品专业人才培养的办学特色

1.区域社会经济发展的需要

杭州市作为长三角地区社会经济发展中的一座重要城市,紧紧抓住国际产业资本加速向长三角地区转移的机遇,积极实施招商引资战略。近年来,杭州市主动适应国家宏观政策的变化和扩大内需的要求,优化投资结构,提高投资质量和效益,有效拉动经济增长。发挥产业政策导向作用,引导投资进一步向民生保障和社会事业、农业农村、科技创新、生态环保、资源节约等领域倾斜。以建立"3+1"现代产业体系为导向,提升产业层次,优化产业布局,全力打造国际重要旅游休闲中心、全国文化创意中心、电子商务中心、区域性金融服务中心、高技术产业基地。

2.用人单位的呼唤

综合该专业学生就业现状，从更深层次分析，具备了“工商融和”食品专业人才培养素质和技能的学生，实际上是掌握了能“工”会“商”、一专多能的复合技能，这样不仅会在激烈的就业招聘竞争中有更多的选择机会，满足纯粹的初次就业需求，而且在日后的职业生涯和岗位变迁中，满足自我转岗、换岗、跨行业就业的多元化需求，使职业发展具有更广阔的空间。因此，我院“工商融和”食品专业人才培养模式具有持续的时空延展度，也适应了未来复杂就业形势下劳动者职业流动、职业变迁的新特点、新趋势。

3.学校学院学科优势的推动

我院（浙江工商大学食品与生物工程学院）于1963年由原商业部将山东商业学校兽医卫生检验专业全体师生和全部实验仪器迁至杭州商业学校，更名为肉食品卫生检验专业。1973年杭州商业学校更名为“浙江商业学校”，肉食品卫生检验专业恢复，面向全国招生。食品与生物工程学院建院以来，针对区域经济和社会发展对食品专业人才的需求，学院充分发挥“商科”和“工科”两大专业群优势，着力培育“工商融和”食品专业人才培养的办学特色，大力探索学院人才培养模式的改革和创新，大力拓展食品专业人才培养的路径，将学生能力的培养作为学院的生存之本、发展之基。

三、“工商融和”食品专业人才培养办学特色解决就业难的路径

1.强化办学理念

“工商融和”食品专业人才培养办学理念的确定、巩固和完善是一个动态的过程，必须循序渐进，不可一蹴而就。为此，必须进一步加大宣传力度，通过多层次、立体化、全方位的宣传活动，使全院师生真正认清“工商融和”食品专业人才培养的必要性和重要性，从心底里实现对“工商融和”食品专业人才培养办学理念的高度认同，通过认识的高度一致，理念的深入人心，实现行动的高度统一。全院上下凝心聚力，以“工商融和”食品专业人才培养特色为切入点，深化教育教学改革，在专业、课程、教材等教学资源体系建设中全方位渗透“工商融和”食品专业人才培养的理念，进一步在学生综合素质、专业知识、实践能力培养过程中

凸显"工商融和"食品专业人才培养的办学特色,使学院多为社会培养适应能力强、综合素质硬、能"工"会"商"的高素质、高科技人才。

为了巩固和强化"工商融和"食品专业人才培养的办学理念,应有效地开展"工商融和"食品专业人才培养特色建设的系列活动,如开展"工商融和"食品专业人才培养办学理念大讨论、开设"工商融和"食品专业人才培养专题讲座、进行"工商融和"食品专业人才培养课题研究、组织"工商融和"食品专业人才培养成果评选,统一全院师生的认识,强化"工商融和"食品专业人才培养的理念。在"工商融和"食品专业人才培养系列活动的开展过程中,不仅要统一认识"工商融和"食品专业人才培养的必要性,更重要的是侧重如何实践"工商融和"食品专业人才培养,让广大师生认识"工商融和"食品专业人才培养的本质,在新的认识基础上深度确定"工商融和"食品专业人才培养的特色观。为了配合系列活动的开展,学院在教师大会和各类讲座培训活动中,专题向教师讲解"工商融和"食品专业人才培养的特色;在今年的学生开学典礼教育活动中,专题向学生介绍"工商融和"食品专业人才培养的知识技能学习目标和要求,使全体师生充分感受到"工商融和"食品专业人才培养的校园文化氛围,自觉接受"工商融和"食品专业人才培养的办学理念,增强对"工商融和"食品专业人才培养的参与热情,积极融入到"工商融和"食品专业人才培养的建设活动中去。

2. 深化内涵建设

在不断加强"工商融和"食品专业人才培养特色理念的基础上,制定和完善"工商融和"食品专业人才培养特色建设发展规划,进一步深化"工商融和"食品专业人才培养特色专业体系建设、课程体系建设和教材体系建设,不断巩固"工商融和"食品专业人才培养的建设成效,努力提升"工商融和"食品专业人才培养的质量。

(1)构筑"工商融和"食品专业人才培养的专业建设平台。在学院专业建设过程中,要注重对"工商融和"食品专业人才培养的精心打造,加强对"工商融和"食品专业人才培养类专业培养特色的研究,增强对"工商融和"食品专业人才培养类专业设置的科学性和针对性,大力做好食品科学与工程专业、食品质量与安全专业、生物工程专业和应用化学专业等具"工商融和"食品专业人才培养特色的专业建设工作,加强"工商融和"食品专业人才培养类专业的建设指导,特别要支持"工商融和"食品专业人才培养类专业在项目、课题、实习等方面进行大胆尝试,积极争取行业、企业全程参与"工商融和"食品专业人才培养的专业建设,建立“工商融和”食品专业人才培养专业建设的新机制，形成“工商融和”食品专业人才培养专业建设的新亮点。

(2)形成“工商融和”食品专业人才培养课程建设特色。在推进具有我院“工商融和”食品专业人才培养特色课程体系的建设过程中，争取把专业引导和拓展课程建设成以“工商融和”食品专业人才培养为主体的特色课程，同时在工科类专业中开设国际贸易基础、企业管理、企业财税、营销基础等“商”科课程。通过“工商融和”食品专业人才培养课程的建设，在“工”科和“商”科两大专业群之间架起互通的桥梁，促进我院各专业的学生完善知识结构，拓展思维方式，成为复合之才。与此同时，大力做好包括“工商融和”食品专业人才培养精品课程在内的各类精品课程建设，规范课程教学基本要求，创新课程建设机制，全力做好“工商融和”食品专业人才培养课程的建设工作。通过积极地与行业、企业合作开发工学结合的项目式课程，加大“工商融和”食品专业人才培养的精品课程体系，形成“工商融和”食品专业人才培养的课程建设特色。

(3)打造“工商融和”食品专业人才培养教材建设亮点。“工商融和”食品专业人才培养教材是“工商融和”食品专业人才培养课程建设的重要载体，学院每年应从立项建设的精品教材项目中划出一定的比例重点扶持“工商融和”食品专业人才培养类教材建设。积极鼓励教师与行业、企业合作开发集纸质教材、音像媒体、网络课件、CAI课件、教学素材库、电子教案、试题库及考试系统和多媒体教学软件于一体的立体化的“工商融和”食品专业人才培养教材，形成具有我院特色的“工商融和”食品专业人才培养教材建设亮点，为“工商融和”食品专业人才培养内涵建设的深化提供强有力的支撑和保障。

3.优化师资结构

教师是教育职能的实施者、教育活动的主导者，在“工商融和”食品专业人才培养办学特色的推进过程中，教师应通过自身的行动来引导和促进学生向“工商融和”食品专业人才培养的方向发展。因为，教师对学生的影响是至关重要的，要推进“工商融和”食品专业人才培养，要实施文理交叉，要培养“工商融和”食品专业人才首先必须要求教师本身具有正确的“工商融和”食品专业人才培养的教育理念，在一定程度上兼备工商学科的相关知识，具有全面的知识结构和良好的综合素质；其次，在师资队伍建设中要加强具有“工”、“商”两科背景的师资的适度配置，以工商兼备的师资队伍为“工商融和”食品专业人才的培养提供知识保障和智力支撑。

4.活化文化氛围

校园文化的“工商融和”食品专业人才培养是指通过文理学科专业的交叉、图书信息资源的共享以及讲座、科研、社会实践等第二课堂活动的开展营造文理交融的校园文化氛围，加强“工”、“商”科师生的相互交流，促进学生文理综合素质的拓展。组织“工”科、“商”科的教师共同进行课题研究、项目开发、课程建设、教材编写，有利于“工”、“商”科的教师进行教学科研思想的自然交流。组织文理学生共同参与有关社团活动，有利于“工”、“商”不同学科的学生进行学习方法以及知识和思维方式的自然渗透。文理科专业图书信息资源共享亦有利于学生文理知识的自然交融，实现“工”、“商”知识的自然、融通和延伸。

总之，针对区域经济和社会发展对食品专业人才的需求，学院必须充分发挥“商科”和“工科”两大专业群优势，着力培育“工商融和”食品专业人才培养模式，努力推进我院食品专业人才培养模式的改革和创新，大力探索人才培养的多种路径，不断彰显“工商融和”食品专业人才培养的办学特色，使“工商融和”食品专业人才培养真正成为全院师生的共识，实现人才培养良性互动的长效机制，有效提升就业质量，提高各方满意度，实现社会和谐发展。

（作者为浙江工商大学食品与生物工程学院党委副书记）

工程训练课程教学体系与管理模式的探索与实践

何阳春

一、问题的提出

为适应现代社会高质量工程技术人才需求，社会各界对学生工程能力训练与培养十分重视。早在2003年教育部实施的"高等学校教学质量和教学改革工程"(简称质量工程)就明确提出要"进一步加强素质教育"，许多高校纷纷响应，根据"质量工程"要求积极推进教学改革等活动，特别针对理工科学生特点和工程实践能力素质培养需要，投入了大量人力、物力和财力，建设了一批高质量的工程训练中心。

我院、校各级领导高度重视学生工程能力培养，积极实践国家教育部"质量工程"精神。我院从2007级开始对食品科学与工程、生物工程、食品质量与安全等专业开设了工程训练课程，根据教学计划，一年级完成原有金工实习课程，二年级完成1学分的工程训练。在院、校的支持下，2008年争取到200万元中央财政专项资金用于工程训练平台的建设。

然而，在工程训练课程建设之初，教研组老师心中忐忑不安，面前摆着许多亟待解决的难题，都是以前不曾遇到过的，突出难题是如何进行新课程建设和管理。开始大家有点畏难情绪，后来在学院邓少平、王琪两位领导的鼓励和支持下，通过几年的努力与实践，基本解决了这两大问题。

二、工程训练课程教学体系的探索与实践

课程建设的关键是建立行之有效的课程教学体系，合理安排教学内容。工程训练是以增加学生基本工程能力为目标、以适应现代社会工程技术发展需求而安排的实践教学环节，重在学生工程素质与能力的培养。因此，工程训练课程教学体系应满足学生的工程实践能力提高需求，实训内容要贴近工程实际，同时要让学生有充分的实践机会，让他们密切接触工程实际，在实践中获得工程认识，在实践中提高实际动手能力。

工程训练课程教学体系，应与学生专业、年级相适应。如何建立适应我院低年级学生的工程训练课程教学体系？我们做的第一步，就是进行广泛调研。我们访问了周边多所高校，当时我院副院长王琪老师亲自带队，带领教研组老师一行人，先后走访了浙江大学、浙江工业大学、杭州电子科技大学、杭州师范大学钱江学院、杭州职业技术学院等高校的工程训练中心或实训基地，参观他们的教学场所与教学设备，与课程教学的老师座谈交流，查阅教学文件与课程建设规划。我们还进行网上调研，查看省外知名高校开展课程建设情况。通过大量调研发现：一是多数高校工程训练课程教学体系，是建立在数控加工实训为训练主体上的工程训练体系，比较适用于机械类、近机类专业；二是部分高校安排大量的电子、电工、自动化等类实训，比较适用于电类专业；三是多数高校工程训练课程教学体系，采用模块化设计，值得我们借鉴。

我院食品科学与工程等专业，是非机非电类专业，学生将来会接触到许多工程实际问题，机电知识是基础的、不可缺少的，在低年级阶段安排机、电类实训是必要的，有利于将来从事工程技术工作。然而，像一些高校那样，安排大量的数控加工类、电类实训是不合适的，我院不具备这样的实训条件。我们经过详细分析，权衡利弊，最后确定以工程基础实训为主体、采用模块化设计理念来建立教学体系。

本课程教学体系由传统机械加工实训、先进机械加工实训、手工工艺制作实训、电工电子自动化实训、工程仿真实训和创新综合实训等模块构成，教学内容与教学要求如表1所示。

表1　工程训练课程教学体系

模块类别	教学内容	教学要求
传统机械加工实训	金工实训、机械设备结构拆装实训	了解传统机械加工手段，熟悉机械加工过程、常用设备内部结构和常用设备的拆装方法
先进机械加工实训	数控车削加工实训、数控铣削加工实训	了解先进加工理念，熟悉数控加工编程指令，掌握数控加工的基本操作
手工工艺制作实训	利用简单设备与工具制作模型、结构等实训	熟悉手工制作过程，掌握工具、设备的使用，进一步提高实践动手能力
电工电子自动化实训	电路安装、电路焊接、机电一体化实训	掌握用电基本常识、电工电子基本操作和自动化装置基本使用
工程仿真实训	通过电脑仿真软件进行工程设计、制造、实验	掌握仿真软件的使用和虚拟环境下的工程训练
创新综合实训	趣味性、新颖性、综合性实训	重在创新能力和综合能力的培养

我们陆续完成了教学文件的编制、教学设备的申报采购、教学人员的组织、教学场所的布局等。近几年在教研组老师的努力下，先后开出管道设备拆装、数控车削加工操作、数控铣加工操作、飞机模型制作、空竹的制作、简单玻璃工制作、电工基本技能综合、电子基本技能综合、光机电一体化生产线调试、离心泵性能曲线测定仿真、板式塔设计仿真、吸收仿真实验、流体仿真实验、数控车削加工仿真、数控铣削加工仿真、机械运动创新设计与机构拼装、创意性手工小制作等实训项目。

在实训项目的具体设计上，除让学生得到较多的实践动手机会外，还强调创新性和综合性，将工程创新理念灌输给学生，在实训中要求学生有所创新。比如，数控铣加工操作实训，要求学生除完成教师指定零件加工外，还要自行设计一个创意零件，绘制 CAD 加工图，编制数控程序，最后完成创意件的数控加工。又比如机械运动创新设计与机构拼装实训，学生除要完成给定机构的拼装外，还要根据机构组成原理，自行创新设计传动机构，完成机构拼装，实现预期的机构运动。

三、工程训练课程管理模式的探索与实践

我院工程训练为必修课程，为照顾学生实践兴趣和参训时间，实训项目由学生自由选择，只要完成要求的总训练学时即可。课程特点是：参训人员多，训练

项目多，训练时间2—16学时不等，各项目安排1—4个训练组，每个训练组人数12—30人，这样学生训练项目选择、教师训练项目管理就有一定难度。

按照传统的课程管理模式，如采用以往的开放性实验管理模式，让学生到指导教师那里去报名，由指导教师组织实施、评定成绩，最后成绩汇总上报，整个过程周期长，学生报名过程多有不便，学生有没有完成训练选项也不清楚，教师工作量大，课程总成绩计算繁杂，容易出差错。传统的课程管理模式，已经不适应本课程的管理，必须探索课程管理模式的改革。

受学校教务管理系统的启发，网络化管理模式比较适合本课程管理。工程训练课程尽管只是一门课，但管理的复杂程度并不低，学校教务管理系统并不适用本课程的任务管理。为解决本课程管理难题，我们决定自己建立工程训练课程管理网站。我们以前曾编制过用于教学辅导的静态网页，但对具有信息、项目、成绩管理功能的动态网页编程一窍不通。为此，我们请教了许多专业人员，查阅了大量的网上文献，从简单到复杂，从框架到网络，经过数年的尝试与完善，终于如愿以偿。

本管理系统基于 Web Service 技术，采用 ASP 编程语言、Microsoft Access 数据库和 Microsoft FrontPage 编辑软件，模块化结构设计。系统设置了学生、教师、管理员、访客的使用权限，设计了学生、教师、管理员、访客程序模块，各程序模块都集成了信息管理、项目管理和成绩管理子模块，系统结构如图1所示。

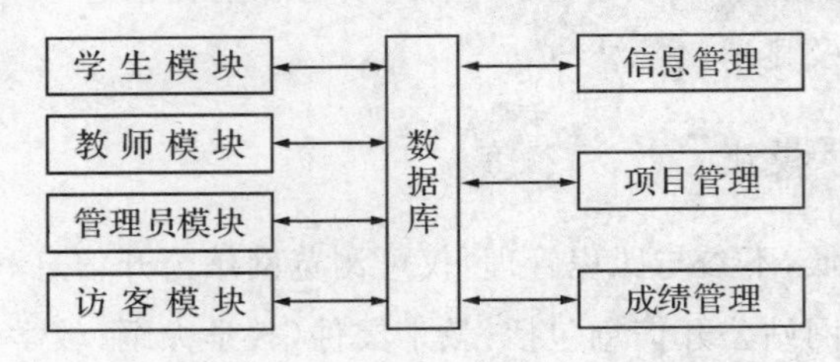

图1 工程训练管理系统结构图

1. 学生程序模块

信息管理：学生个人信息修改、登录密码找回、系统使用说明、实训指导书下载、网站公开信息浏览等；项目管理：实训项目简介及实训组成员名单、实训项目及训练组的选择与退选、学生选项情况与实训完成状态显示等；成绩管理：实训报告制作及提交、实训分项成绩及总成绩显示等。

为鼓励学生参加各种训练类别，规定同类别项目不得多于两项，当学生选择第三项时，系统会有同类别项目过多的提示。系统还有项目选择重复、所选实训组时间冲突、选项不足等温馨提示。

2.教师程序模块

信息管理：教师个人信息修改、登录密码找回、系统使用说明、教师通知上传、网站公开信息浏览等；项目管理：已开设实训项目列表、实训项目申报及修改、实训组安排申报及修改、实训报告模板上传、实训组学生名单显示及打印等；成绩管理：学生实训报告审阅、实训成绩的输入及修改、学生各项成绩及总成绩显示等。

一个教师在同一个时间段只允许参与一至两个实训组的指导。当同一时段已安排一个实训组时，安排第二个实训组要进行确认；当同一时段已安排两个实训组时系统会提醒安排时间冲突及安排修改等提示，避免教师安排出错。

3.管理员程序模块

信息管理：学生实训名单批量上传、学生教师信息增改删、用户密码重设初始化、公告通知及资源文件上传与管理；项目管理：班级训练状态设置、训练项目及训练组审核与修改、学生选项时间设置、学生完成选项情况、各周训练任务公告、当前学年学期更改；成绩管理：学生完成训练情况汇总、学生各项成绩显示、学生总成绩计算及显示。

4.访客程序模块

访客权限较低，不参与课程管理，仅可浏览网站公开信息和本学期开设实训项目列表。其中网站公开信息包括：教学文件（教学大纲、教学任务安排、授课大纲等）、教学条件（师资、实训实验设备、实训场地等）、实训成果（学生作品展览、学生实训报告公开）。

本软件2008年开始投入使用，现已完整使用了七个学期，至今已有900多位参训学生及指导教师使用了本系统。从使用的效果来看，该系统智能性好、灵活性强，效率明显高于软件使用前，使用各方都比较满意。学生能随时了解训练项目有关信息，方便快捷完成训练选项，实现实训报告无纸化提交，随意查询完成分项成绩及总成绩；指导教师能快速无误完成实训项目申报及训练组安排，实现实训报告模板化和学生实训报告规范化，单项成绩输入与总成绩同步生成；系统强大的后台管理功能，方便管理员进行网站管理维护。

四、结束语

本文对工程训练课程建设进行了一些探索，但还有待完善，在实训内容及软硬件条件上还需进一步努力，力求更好地为师生服务。

参考文献

[1]张金玲.以工程素质为导向的工程训练体系的研究[J].黑龙江教育学院学报，2011，30(2)：197－199.

[2]郭健禹，陈晓梅.模块化创新型工程训练体系探讨[J].吉林工程技术师范学院学报，2011，27(3)：36－38.

[3]钱俊.工程训练教务管理系统的设计与实现[J].信息与电脑，2011，(2)：61.

（作者为浙江工商大学食品与生物工程学院副教授、博士）

生物化学教学内容改革探索

冯立芳

生物化学是关于生物和化学两者之间的一门综合性学科,它主要运用化学的理论和方法研究生物体的化学组成、结构及其生命活动过程中的一切化学变化。以18世纪末19世纪初的有机化学和生理学为基础,生物化学在20世纪发展极其迅速:在前30年发现了激素、维生素、必需氨基酸等生物分子,促进了人类对营养学的研究;20世纪三四十年代发现了酶、阐明了代谢途径和氧化磷酸化的机制,为现代生物学的研究奠定了基础;从20世纪50年代开始,随着DNA双螺旋结构模型的揭示,生物化学进入到分子生物学研究阶段;而20世纪90年代人类基因组计划的开展大大推动了该学科的发展;21世纪产生的功能基因组学、蛋白质组学、结构基因组学等一系列组学方面的研究,更促使生物化学学科发生了革命性的变化,将生物化学带入了一个全新的发展空间。目前,生物化学教学过程中常用的教材为王镜岩等编著的《生物化学》第三版(2002年出版)、郑集等编著的《普通生物化学》第四版(2007年出版)、贾弘禔主编的《生物化学》第三版(2005年出版)等,这些著作系统、翔实地讲解了生物化学课程的基本内容,满足了相关专业的需要。然而,随着自然科学的飞速发展,知识更新速度也日益加快,加上生物化学与分子生物学的交叉和融合,造成许多新的理论和科研技术手段未能及时在教材中体现。为弥补教材中部分相对陈旧的知识点,完善基础理论知识,了解科学研究动态,加强理论教学的效果,作者在对生物化学课程的教学内容进行改革探索,以期培养的学生能够更好地适应社会发展的需要。

有研究人员估计:"今天一个科学家,即使夜以继日地工作,也只能阅览有关他自己这个专业的世界上全部出版物的5%。”上述经典的生物化学教材所涵盖的知识点量多、面广，而本科教学课程的授课时间有限，一般高等学校为64课时，因此，如何在有限的时间内讲解生物化学课程内容，成为该课程教学过程中首要解决的问题。生物化学课程内容必须依据所教授学生的专业，经过严格、精心的选择，遵循完整、适时、量力原则。

一、完整原则

生物化学课程内容在选择时，要根据学生的专业，保证基本知识点涵盖的广度，课程内容逻辑上的连贯，以及基本原理讲解的深度。作者选用郑集等编著的《普通生物化学》(第四版)作为授课教材，授课内容主要分为三大块：生物分子(包括糖类化学、脂质化学、蛋白质化学、核酸化学、酶化学、维生素化学、激素化学、生物膜与细胞器)、物质代谢及其调节(包括代谢总论、糖代谢、脂质代谢、蛋白质的降解和氨基酸代谢、核酸的降解和核苷酸代谢、生物氧化、物质代谢的相互联系和调节)、遗传信息的传递和表达(包括DNA的生物合成、RNA的生物合成、蛋白质的生物合成、基因表达的调控)。

此外，应根据授课专业的不同调整授课内容的侧重点。对生物工程专业的学生，作者侧重于“物质代谢及其调节”和“遗传信息的传递和表达”方面的讲解，满足学生对生物工程的基础理论、技术和方法的学习，同时为生物相关专业的考研需求打下基础。对于食品科学和食品质量安全专业的学生，作者侧重于“生物分子”和“物质代谢及其调节”方面的讲解，对于这些基础生物大分子的背景介绍和代谢过程的学习有助于学生较好地认识食品工业、发酵工业、酿造工业等的基础理论，培养学生在食品新产品开发、资源利用、食品质量检验检疫等方面的兴趣。

二、适时原则

适时原则是指课程内容必须跟上时代发展的步伐，尽可能减少、避免陈旧的内容，包括具体知识的老化和学科研究范式的过时。自然科学的飞速发展导致知识更新速度始终快于教材出版速度，为反映生物化学的最新进展和研究成果，作者在授课过程中适时增加某些知识点在国内外期刊中的研究报道，并每年开辟0.5—1个课时专门介绍当年诺贝尔奖的研究内容及其贡献。

范式是指研究群体所公认的一套学科信念、研究要素，以及有关该学科的基本概念、原理、方法规范及工具。多学科研究范式有助于在生物化学授课中，解决传统的理论、观点、方法难以解决的理论与实践问题,可为生物化学授课提供方法论指导。生物化学教材中各个知识点均可独立成书或专著:如"糖类化学"章节的内容扩充后,出版的专著有《糖生物学导论》(莫琳·E·泰勒、库尔特·德里卡默著)、《糖工程概论》(焦庆才主编)等;如"物质代谢及其调节"中关于"糖、脂质、蛋白质、核酸代谢"的内容扩充后,出版的专著有《医学代谢组学》(贾伟主编)、《丙酮酸补充对运动机体身体成分和脂肪代谢的影响及机理的研究》(郭英杰著)等。因此,生物化学学科实际上是由不同的子学科所构成的一门综合性学科。作者采用多学科研究范式,通过整合不同子学科内容,构建一条教学主线:首先,介绍各类生物大分子,如"糖、脂质、蛋白质"等的结构、性质、功能和重要性,并将这些内容与生活、生产适当联系起来,激发学生学习生物化学的兴趣,又使学生觉得生物化学与有机化学或生物学有所不同;第二,对这些大分子物质在体内的代谢过程逐个进行阐述,用总、分、总的结构层次,先做概括式介绍,然后用化学反应式阐述各个反应的详细过程,最后再做简短总结;第三,安排"生物氧化"章节的学习,对上述代谢途径中发生物质变化时所伴随的能量变化进行阐述;第四,学习"物质代谢的相互联系和调节控制"章节,不仅从总体性的角度将各个代谢过程联系起来,同时阐述代谢过程的调控机制;最后,介绍"遗传信息的传递和表达",以"中心法则"为骨架,叙述遗传信息的复制、转录、翻译事件及其基因的表达调控对蛋白质生物学活性的影响,进而影响代谢过程中关键酶的活性,进而起到对代谢过程的调控作用。因此,生物化学作为一门交叉性强的学科,非常有必要采用跨学科研究范式,使得各相关子学科的思想、方法等有机融合,更好地服务该学科的发展。

三、量力性原则

量力性原则是指选择出来的课程内容应在学生力所能及的范围之内,难度适中,便于学习、理解和记忆,在课堂教学过程中包括新知识讲授的量力性和课堂容量的量力性。

新知识讲授的量力性体现在根据不同专业的学生所掌握的研究基础,设计不同的授课提纲,在新知识的授课过程中选择不同层次的重点和难点,从而有针对性地为学生在各自专业的发展方向上提供帮助。比如,为食品工程专业的学生讲授"糖化学"时,"多糖"部分是重点,其中的"淀粉、糖原、纤维素、琼脂、果胶"等知识点与食品工业密切相关,而"基因表达的调控"一般性掌握即可,但是在生物工程专业的学生中情况恰恰相反。

课堂容量的量力性体现在讲授知识的扩展和延伸要结合学生对已有知识掌握的程度。比如“蛋白质化学”章节中的“蛋白质的结构与功能”是该章重点，尤其以“蛋白质的一级结构与生物功能的关系”的内容最为重要。在授课过程中，一方面选取学生都掌握的高中课本例子“镰刀细胞贫血病血红蛋白”，病人中血红蛋白上一个氨基酸的改变导致该蛋白质的一级结构发生改变，进而改变该蛋白质的高级结构，最后影响到蛋白质的功能；另一方面选取细胞色素 c 对物种进化的影响为例子，选取多个不同分类界元的物种细胞色素 c 的蛋白质序列，采用生物信息学软件 Mega4 计算物种的亲缘关系，阐述蛋白质的一级结构序列与生物进化之间的关系。由于后者涉及“进化生物学”中的相关知识，而这些内容是学生在上生物化学课程前没有系统学习过的，但结合大家都知道的达尔文“进化论”作为切入点，则可引起学生想象的空间。因此，对于此类全新知识点作为重点和难点讲解时，要从学生的知识现状出发，把握好要点，寻找好的突破点来延伸，这是量力性原则所需要把握的重要内容之一。

参考文献

[1]周玲.高等教育研究的方法论反思——多学科研究范式的引入与高等教育立场的坚守[J].高等教育研究，2005，26(2)：68—72.

[2]江立成.量力性原则与大学教学[J].娄底师专学报，1990，3：33—36.

（作者为浙江工商大学食品与生物工程学院讲师，博士）

大学生创新能力培养的专业课程 SSR 教学模式构建

宋广磊

教育是知识创新、传播和应用的主要基地,也是培育创新精神和创新人才的重要摇篮。无论在培养有素质的劳动者和专业人才方面,还是在提高创新能力和提供知识、技术创新成果方面,教育都具有独特的重要意义。大力推进素质教育,培养大学生的创新意识与创新能力,是高等教育的重要任务与重大使命。许多高校在大学生创新意识与创新能力培养方面都做了大量的工作,取得了一定的效果。"SSR 模式"由我国著名的教育工作者刘道玉创立,是建立在创造教育特点和原则基础上的大学实施创造教育的一种模式。第一个 S 是英文词组"Study independently"的缩写,可译为自学或独立的学习,是由学习者自己完成学习的一种方式。第二个 S 是英文单词"Seminar"的缩写,指大学生在指导下进行课堂讨论的一种形式,有时也指讨论式的课程。R 是"Research"的缩写,意思是研究、探索,它是由字冠 Re 和词根 search 组成的,因此也可译为再寻找、再探索。本文结合一般工科院校和我校食品科学专业的特点,以培养大学生的创新能力为目标浅析专业课程 SSR 教学模式的构建。

一、传统教学模式

在我国,从小学升到大学,每个学生平均要参加上千次考试,学生在如此高密度的训练之后,在学习知识的同时,也学会了"考试",应试能力得到很大的提高,甚至会出现学生的考试能力远远大于其学习能力。在这种情况下,学生的灵感、悟性逐渐钝化,学生的思维变得单一,甚至在生活中也以这种思维定式思考,凡事寻找标准答案。这极大地束缚了学生的创造力。专业课是指大学生在经过高等数学、英语等基础课程学习之后进入到专业课程的学习。

课堂教学作为学校中的常规教学,是一种基本的教学模式,也是高校实施素质教育的主渠道。长期以来的单向灌输与被动接受相结合的课堂教学模式,压抑了学生学习的主动性、积极性和创造性。一般来说传统教学模式有以下特点。

1. 教学目的和方法

教师对学生的学习目的的引导有的仍然停留在学生学习是为了考试,为了毕业,为了学位的层面。在这种教学目的的指引下,教师的教学也就成了应试教育的延续。在当今大学扩招,大学生就业日趋紧张的情况下,这样的教学目的有着深层的社会和环境的原因。大学生就业形势的严峻性,使得越来越多的大学生在学习的过程越来越趋向于实用技术的学习。学生在学习过程中所关心的是:这门课对其将来毕业找工作有何帮助,而不是考虑在以后的工作中这门课的潜在的应用能力。在这样的学习目的的要求下,大学生培养自我创新能力的要求将退而次之。教师的教学是为了学生的就业,教学内容的设置上也为了学生的就业,而舍弃了许多必不可少的理论知识,这些理论知识却是研究者和使用者在理论创新和技术创新中所必需的,也是学生创新的基础。在学生学习专业知识中,如何培养学生学会获取知识的能力,如何培养学生开拓创新的能力,以及如何提高学生的合作能力等许多方面的问题一直未得到很好解决,使得课堂成为培养学生应试能力的场所。

2. 教师和学生

应试教育中分数成为分辨学生好坏的标准,高校中课程的及格率、优秀率也成了评估教师教学质量好坏的标准。在“一切为了就业”的前提下,学生为就业而学习往往不能达到教师的期望,这是一对矛盾,其产生的根源是应试教育。教师在考核方面不可避免地出现所谓的“复习”、“画重点”。在这样的教学情况下,学生处于被动,缺乏强烈的求知欲,不愿意复习和思考所学过的知识,也不愿意主动去学习研究新的知识,学习过程变得死板,缺乏创造力,学生的能力和素质的培养受到限制,这与高等教育培养具有创新精神的高级专门人才的目标严重背离。

二、创新能力培养下的课堂教学

学生的创新能力培养必须以课堂教学为基础，应充分利用课堂教学做好创新能力的培养工作。

1. 创新能力培养的课堂教学

(1)学生思维自主能力的培养。学生的自主能力源于其对学习目的、学习内容的重要性的理解，客观地说，大学生在入学前家庭环境、社会环境对其有过最初的教育，但这种教育是感性的。学校对学生的教育是以专业为背景，因而是理性的，具体的。其中尤以课堂教学最为直观具体，也切合实际。课堂教学是大学生接受教育的主要单元，因而在课堂教学中应做到教书的同时也要育人。育人一方面是培养学生做人的品德。一方面是培养学生做学问的品德，也就是我们常说的专业素养，它包括对本专业的研究目的和研究方法，以及对本门课的深入理解和认识，解决为何学和怎样学的问题。学生只有解决了这两个问题，才能对本专业本课程有全新的认识，才能对本门课以及相关的课程有学习的动力。

(2)充分利用教学方式，主动引导，鼓励学生自学。教师在课堂教学中应首先明确学生是教学的主体，教师是为之服务的。专业课中的理论知识(基本公式、原理等)，许多是没有学习过的。对于这样的问题，应以培养学生的检索、自学能力为重点，这样的学习效果印象深刻，也很有助于培养他们的创新能力。如：物料在定态空气条件下的干燥速率：

$$N_A = \frac{G_c dX}{-A dt}$$

(3)充分利用课堂调动学生的积极性，与学生互动，使学生在课堂上积极参与讨论。教师可在课堂上提出适当的问题，同时鼓励学生来回答并参与讨论。这样既可使学生的被动学习变为主动学习，也可检验学生对本门课程的理解和对知识的掌握程度，做到因材施教。

(4)充分利用当前专业的发展前沿知识，理论联系实际，使学生认识到本课的现实意义。当今科学技术发展日新月异，教师要及时跟踪本专业的最新学术动态，适时适量地引入课堂，使学生在学习本专业课的同时，也能了解专业发展的目的和方向，提高学生学习的兴趣和专业素养。

2. 学生思维辐射能力的培养

辐射性思维是创造力的源泉。学生辐射性思维能力的培养与学生自主思维能力的培养是相辅相成、互为补充、互为促进的。

(1)教学方法上采用“随时提问,新、难为上”的教学方法,即鼓励学生随时提问,鼓励别的学生来回答,问题针对新技术、新课题,以难住老师为上。提倡学生在课堂上随时提问,问题与所学课程有关,不分大小。在食品化学这门课中,学生的问题可以说是丰富多彩。在内容上,有关于海洋食品毒性的,有关于海洋食品营养的,也有关于海洋动物生存的等;在问题的性质上,有对所学知识的认知、理解的,有对新技术质疑的,也有不切实际的。对于这些问题,有大约百分之三十的其他学生可以解答,有百分之六十的问题由老师解答,还有百分之十不切实际的,可在教学、讨论中排除掉。结果在课堂上,学生专注于课程的学习和思考,踊跃提问,充分锻炼了他们的创新能力。

(2)教师准备的问题要有少量富有研究性的小课题,提供给学生,可作为课后作业的补充,也可作为课堂作业来完成,主要目的是教会学生通过研究和探索来解决难题、攻克难关的方法。

(3)对创新性的问题和小课题而言,要采取“百花齐放,百家争鸣”的观点,充分发挥学生的想象力和创造性。对学生的积极参与给予鼓励,引导学生找到正确的解决方法。

三、专业课程SSR教学模式的构建途径

1. 将创新教育理论和SSR模式进行实践转化

首先改变传统的教育观念,提倡“以创新为荣”的文化,由“以就业为导向”的人才观向“以创业为荣”的人才观转变,采取“就业型”加“创业型”的双轨教育,同时培养大众型和精英型的职业人才,形成“创新带动创业”的创新教育理念。引入SSR创造教育模式进行实践性的探索,构建大学生创新教育的新模式。在创新教育实施中分为理论教学和实践教学两个步骤,其中理论教学通过“课堂教学+网络教学+学生自学”来完成;实践教学通过“创新问题设计+研究分析+过程指导”来完成。其中理论教学与实践教学不是完全分割的,有些理论将在实践中融会贯通,学生自学和师生讨论在课内和课外同步进行,师生在教学实践中共同探索研究成果。

2. 构建理论学习与专业创新能力演练的第一课堂

对学生进行人才测评和特质分析,对现有教材进行研究分析,重新编写系统

的课程体系和教学大纲,为教学改革编写新的专用教材,在教学实践中反复尝试,不断总结并形成研究报告。在改革过程中加强师资队伍建设,提高自身的创新水平,突破传统思维方式,整体提高教学与研究水平。

3. 建立以培养创新能力为任务中心的第二课堂

以课题研究组的形式完成研究项目的任务,充分运用网络信息技术,依靠教育信息资源和系统的教学方法,搭建创新能力培养的理论教学、信息传播和实时咨询平台,对教学内容和教学过程进行教学设计,从而获得有效的教学效果。在网络平台上获得信息,同时也反馈信息,教师可以根据反馈信息调整教学网站。在互动教学过程中采用案例学习、分组竞赛、分组协作、自由作业等多种教学方法,让学生主动参与、乐于探究,培养学生分析和解决问题的能力,以及交流与合作的能力。

4. 建立跟踪学科前沿知识和创新性思维为导向的第三课堂

通过前期的课堂教学和创新性的研究,进一步引导学生跟踪学科前沿知识,扩大学生对创新的兴趣,引导他们向"理论知识的学习—系统的科学研究—学科前沿知识的把握"的"创学结合"的教学模式转变,由理论授课、项目设计和全真实践三个层面构成的立体创新教育体系,使他们学有所长、学有所用、学有所知。在这种循环模式的推动和激励下,大学生创新能力培养的 SSR 模式会发挥很大的作用。

总而言之,教学中改变学生被动学习为主动学习是培养学生创新能力的基础,创新能力的培养是学生研究方法和学习方法的获取动力所在,学会研究和学会学习是大学本科教育的目的。专业课的教学改革是一项探索的过程,课堂教学是以学生的"学"为主体,教师的"教"为辅,教学方法的不同会对学生的"学"产生反作用。课堂教学中对学生的创新能力的培养是实践教学之外的主要培养方式,学生自主思维和创新思维是相辅相成的,互为补充和互为促进的。在专业课堂教学改革中,创新性思维的培养是一个不断探索的过程,让我们为培养学生的创新能力而不断探索和奋斗吧。

参考文献

[1]沙洪成.构建大学生创新能力培养模式的探索[J].中国高教研究,2004(8):76-77.

[2]刘建华.发挥课程教学的主渠道作用,培养大学生创新能力[J].淮阴工学院学报,2000(9):49—51.

[3]李逢彦.论知识经济时代大学生创新能力的培养[J].求实,2001(11):294—295.

[4]曾国俊.课堂教学中大学生创新能力培养探析[J].九江医学,2003,18(2):110—112.

[5]邱丽萍.着重培养大学生创新能力的教学法研究与改革[J].中国包装工业,2003(9):82—83.

(作者为浙江工商大学食品与生物工程学院讲师,博士)

动物性食品卫生检验教学中 PBL 模式的应用探讨

傅玲琳

一、前言

动物性食品卫生检验是一门以人、动物、健康和环境为中心的应用学科，具有很强的直观性和实践性，其主要内容是对肉、蛋、奶和水产品等动物性食品及其副产品的生产、加工、贮藏、运输、销售及其使用过程进行卫生检验和卫生监督，以保障食用者安全，防止人畜共患病和其他畜禽疫病的传播。该课程是浙江工商大学食品质量与安全专业的核心课程之一，其教学质量关系到新世纪专业人才的培养。随着本科教育现代化理念和人才培养目标的不断更新，动物性食品卫生检验教学体系在专业人才培养方案、教学计划和大纲的内涵上均发生了深刻变化。传统教学法已不再适应现代动物性食品卫生检验人才培养的要求，深化课程教学改革是势在必行的。因此，我们尝试在动物性食品卫生检验教学中开展 PBL 模式，以期建立该课程的一种新型探究教学模式。

二、PBL 教学模式的内涵与现状

PBL(Problem Based Learning)是 1969 年由美国神经病学教授 Barrows 在加拿大麦克马斯特大学首创的，这种教学方法的核心内容是问题式学习或以问题为导向进行学习，目的是培养学生的自学能力、思维能力和创新能力等。PBL 的精髓体现在交融互动的三个方面：(1)学习方法——以问题为导向、项目为组织；(2)学习内容——鼓励跨学科和学科交叉；(3)学习的社会性——人和环境互动的学习形式。

PBL 教学模式作为一种崭新的教学方法,20 世纪 60 年代兴起于西方医学教学领域,并在不同的领域被运用和发展。美国哈佛大学医学院几乎已全部采用 PBL 教学模式取代传统模式教学,欧美国家有众多知名院校还将 PBL 教学模式拓展至工程、工商管理等专业的课程授讲。PBL 讨论式教学在国外已取得了重要成绩,并逐步趋于完善。随着我国教学改革的不断深入,国内众多医学院校已开始尝试在实践基础和临床医学教育中应用 PBL 模式,然而在其他领域则很少有运用。

三、PBL 模式在动物性食品卫生检验教学中的应用

1. 初步理论知识学习

学生在进入 PBL 学习时,首先需进行必要的理论知识培训。教师在授课过程中,应制作更加完善和生动的多媒体 CAI 课件,提高教学效率。通过各种途径收集更多的素材和检疫检验图片,自制适合教学内容、适应学生以后工作实践的需要并体现自身教学技巧的个性化 CAI 课件,周密设计教学方案,取舍教学内容,结合动物食品卫生安全的新进展和新要求,把基本原理及概念等形象、生动地反映到课件教学中。

2. 创设情境问题

问题情景的设置是 PBL 教学的重要环节,问题的设计应体现以下特征:一、问题必须能引出与所学领域相关的概念原理;二、问题应该是开放的、复杂的(包含许多相互联系且重要的部分);三、问题能够激发学生的动机,鼓励他们去探索、学习;四、问题的选择要具体考虑教学目标以及学习者的知识、技能水平和动机、态度等因素。如学生掌握具体某些动物源性人畜共患传染病的检验和卫生处理方法后,可设计问题:对各种食用动物细菌病和病毒病确诊及卫生处理的原则是什么?进而引导学生对该章知识进行深刻理解,有利于学生今后在实践中的活学活用。

3. 确立学习目标

有了问题情境,就要分析和确定所要研究的问题了。这就可以确定这轮学习的总目标,即需要解决哪些问题?需要达到什么目标?到了这个阶段,学生的

学习开始向有意识、有目标迈进。如问题:对各种食用动物细菌病和病毒病确诊及卫生处理的原则是什么?学习目标则为针对市场上动物性食品(肉、蛋、奶)中可能存在的人畜共患传染病进行检验处理。

4. 高级理论知识学习——融入课题研究

通过初级阶段的学习和准备,在分小组"实战"中,学生会搜集更多、更为深入的知识,此时便进入"自主学习"阶段,这也是 PBL 教学中的高级理论知识学习阶段。在这个阶段,可由教师引导融入相关最新科技动态及教师从事的课题研究内容。如目前动物性食品的安全性评价体系、药物以及重金属和有毒有害物质的污染与控制技术、绿色食品生产与质量标准以及无公害畜禽产品的生产规范技术、分割肉的加工卫生与检验、动物重大疾病检验检疫技术和规程,已成为与食品安全相关的研究热点,可开展导向性讨论与自主学习。

5. 联合教学实践基地

由于本课程具有较强的实践性,因此在理论学习的同时也要结合实践以巩固和加深课程内容的理论学习。目前,我校已将"食品质量与安全"本科专业作为特色专业进行建设,动物性食品卫生检验也是主体课程之一。同时,联合省内五家政府职能部门(由我校承担主体建设,五家政府职能部门分别为:浙江省进出口检验检疫局、浙江省疾控中心、浙江省农科院农产品监测监控中心、浙江省质量技术监督局方园检测中心、浙江省食品质量监督检验站)共同成立了浙江省食品安全重点实验室,该实验室也为本课程教学实践提供了平台。此外,还与杭州的部分屠宰场、肉联厂、农业防疫检验部门等建立稳固的教学实践基地。利用这些教学实践平台和基地,增加"现场宰前检疫和宰后检验"。宰前检疫内容主要有检疫的组织、检疫的程序和检疫的方法(包括病理剖检方法等)和宰前检疫后的处理以及出具宰前检疫证明;宰后检验内容主要有检验的组织、检验点的设置、检验的方法和卫生评定处理等。先让学生观看课程模拟示范及相关录像,然后组织学生去现场进行屠畜宰前、宰后的检验流程和技能的操作训练、农贸市场动物产品的监督检验、畜禽常见传染病的检验检疫以及动物性食品的卫生检验等。学生通过取样、样品处理、接种培养、微生物鉴定、病理切片观察、淋巴结定位与检验等,将实验技能充分应用于实际检验,既能调动他们的积极性和主动性,也能使他们在操作环节中发现自己所存在的问题。

6. 成果展示交流

对于情境"问题"的探究，每个小组最终都要形成一个相应的成果，并对本小组的问题解决情况进行总结汇报。小组在汇报时，可以采用各种不同的形式，利用不同的工具和技能，如通过图表、数据分析、口头表达来展示他们的成果。在汇报结束后教师根据情况进行一些评论和分析，使学生及时将教师的反馈意见纳入自己的报告中。

7. 综合评价与反思

为了提炼所学知识，学生们要有意识地对他们解决问题的过程进行反思：考虑当前的问题与以前的问题间有什么联系？这个问题与其他问题有什么相似之处和不同之处？这种反思有助于他们概括和理解新知识。对于教学的考核制度和评价标准，必须与教学方法相配套才能对教学效果做出正确的评价。强调定量评价和定性评价、形成性评价和终结性评价、个人的评价和小组的评价、自我评价和他人评价之间的良好结合，评价内容包括课题的选择，学生在小组学习中的表现、计划、时间安排、结果表达和成果展示等各方面。

四、PBL 教学模式有待解决的问题

对教师而言，一是要提高自身知识业务水平；二是要更新知识结构，掌握相关交叉学科的知识内容；三是产学研相结合，更有利于案例的选择；四是在启发学生时把握好指导与干预的度。对学生而言，一是要提高自律性与探索精神；二是要增加课外知识的阅读与文献查阅；三是逐步适应，与老师积极配合。另外，教学资源的相对缺乏、参考书相对较少、校园网不够健全等因素在一定程度上也制约 PBL 教学法的广泛应用。

五、结语

综上所述，应用 PBL 教学法可使学生打下深厚的知识基础，培养有效解决问题的能力，形成自主学习和终身学习的习惯，锻炼现场处理问题的能力和组织能力。它为我国高素质实用型食品卫生检验人才培养提供了新思路。

参考文献

[1]孙洪庆,杨永强.PBL教学法应用中师生角色的转变和师生关系的变化[J].人力资源管理,2010,2:122.

[2]李稻,韩玉慧,蒋益,等.医学基础教育中PBL和CBL两种教学模式的实践与体会[J].中国高等医学教育,2010,2:108—110.

[3]Srinivasan M, Wilkes M, Stevenson F, Nguyen T, Slavin S. Comparing Problem-based Learning with Case-based Learning: Effects of A Major Curricular Shift at Two Institutions[J]. Academic Medicine, 2007, 82(1): 74—82.

[4]韩峰,谭云,朱卡林,等.学业导师制度结合PBL教学模式在药学早期教育中的实践[J].药学教育,2010,26(1):36—39.

[5]黄冬明,聂振雯.基于PBL双环互动教学模式的研究[J].2010,32(1):119—122.

(作者为浙江工商大学食品与生物工程学院副教授,博士)

公共选修课"免疫与人类健康"的课堂教学改革

曲道峰　韩剑众

公共选修课是培养人文素养和科学精神相结合的通识教育课程，是学科交叉与综合背景下的宽口径专业教育和个性化培养的课程。它有利于学生自主性学习，有助于学生个性的发展、兴趣的培养，以及文化素质、身心素质、科学素质等综合素质的提高。很多高校以公共选修课课程的建设作为其重要的办学特色。但是，由于面临学科融合、学生个体情况各异以及教学管理不规范等条件的制约，目前很多高校存在公选课教学质量不高、教学效果不明显等现实问题，严重影响了公选课的教学目标和教学原则。因此，选修课的建设和完善成为高校教学改革深化的重要环节。本文以公共选修课"免疫与人类健康"为例，进行一系列改革研究与探讨，旨在提高选修课教学质量、提升学生综合素质。

一、精选教学内容及教材

免疫与人类健康是建立在免疫学基础上的一门应用学科，是对免疫学知识的综合运用。因其理论性强、概念抽象、内容繁杂，使得学生学习起来找不到规律，很难抓到重点，普遍感到困难。针对培养目标，对免疫与人类健康课程的教学内容进行选择：将免疫学与人类健康相结合，在教学过程中以人体健康及疾病发生为中心，讲解各知识点的同时分析人群发病与机体免疫之间的关联，帮助学生将相关知识串成知识链，便于学生学习和记忆，进而达到理论联系实际的效果。例如，在讲解胰腺癌时，先介绍该病的相关概念，然后结合实际病例，如：苹果公司创始人乔布斯、2011 年诺贝尔生理学奖获得者斯坦曼，分析该病产生的原因及危害。通过典型病例结合相关名人的方法,学生很容易记住该病的相关知识点。

在教学过程中,引进前沿科研成果,丰富教学内容。免疫学涉及微生物学、分子生物学、药理学、病理学等多个学科,信息量大,知识更新快,内容抽象复杂。尤其是近年来,分子生物学研究的新方法和新技术不断涌现,免疫学学科发展日新月异。因此在教学内容的选择和组织上,教师应该以教材内容为主体,结合大量相关文献资料,及时补充既能反映免疫学前沿领域的新技术、新理论、新发现,又能适应学科交叉、拓宽学生视野的内容,在实践中不断提高教学质量,使知识能够与时俱进。

二、采取丰富多彩的教学手段

在教学过程中精心设计教案,以新颖、丰富多彩的教学手段激发学生兴趣,唤起他们的学习注意力,进而充分调动学生的学习积极性,让他们积极参与到教学中去,真正成为课堂的主人。

1. 利用多媒体手段,开展直观教学

多媒体手段使教学过程变得生动、直观、易于理解,减少信息在大脑中的加工转换过程,充分表达教学意图,激发学生的学习兴趣,帮助学生更好地理解所学内容。免疫学中较多内容前后联系紧密,其机制复杂而抽象,如果仅通过简单的线条图配合口述讲解,学生常常会感到抽象,理不出头绪。我们在制作免疫学多媒体课件时,通过购买配套教材使用的彩色机制图,或利用多种技术手段把这些过程制成动画,以及采用英文原版书配套的 Flash 动画,将这些元素重新组合,力求使讲授内容生动活泼、形象具体、通俗易懂,更容易为学生所理解和接受。如讲解到淋巴结的结构与功能时,仅根据教材从头到尾将内容叙述一遍,学生往往难以理清其发生部位及相互关系,多媒体动画演示能够清楚地显示 T、B 细胞,如何以淋巴结作为免疫应答发生的场所进行应答:即抗原通过什么途径进入淋巴结,APC 在何处捕获、处理抗原,并提呈给 Th 细胞,效应性 T 细胞到何处发挥效应,以及效应性 Th 细胞如何协助 B 细胞活化,进而产生抗体。该动画从时间、空间及相互作用等几个方面,描绘了 T、B 细胞在淋巴结的应答过程,提醒学生通过动态的观点去理解问题,并使复杂的功能变得一目了然,将前后知识有机联系起来,极大地激发了学生学习外周免疫器官淋巴结的兴趣,既降低了教学难度,又使学生对教学内容记忆深刻。

2.结合日常生活事件，调动学生的学习积极性

“免疫与人类健康”课程讲授的各种免疫疾病与人类的日常生活息息相关。在介绍不同免疫疾病时，可以充分利用生活中出现的各种与免疫相关的疾病，让学生加以讨论，不但调动了学生的积极性，活跃了课堂气氛，而且还加深了学生对课堂内容的理解与掌握。例如，在讲授免疫功能紊乱所引起的疾病时，紧密结合平时大家较为熟悉的糖尿病、类风湿性关节炎、系统性红斑狼疮等，让学生讨论：免疫性疾病的病因是什么？如何诊断，治疗的方法有哪些？引导学生从病因上进行分析、讨论。这样不但让学生掌握了课程内容，还培养了解决问题的实际能力。

3.借助网络资源，观摩名师课堂

为了深入有效地进行课堂教学改革，提高课堂教育教学效率，可借助网络资源，通过观摩名师教学视频录像，帮助学生实现与“名师的面对面”，同时感受名师讲课风采。通过名师讲解，学生掌握了免疫与身体健康的关联，同时对当代基因组学、蛋白质组学、化学基因组学和药物基因组学等新学科在新世纪药物发展中的作用有了更深入的理解。名师旁征博引的讲解、深入浅出的讲述使学生们受益匪浅，极大地提高了他们的学习兴趣和学习的积极性，收到了良好的教学效果。

三、探索灵活多样的教学方法

教师要积极探索和挖掘适合免疫与人类健康课程特点的教学方法。课堂教学中应注重趣味性、知识性、创新性，注重理论与生产实践相结合，并在教学过程中采用PBL、启发式、课堂讨论式等灵活多样的教学方法，突出重点，调动学生学习积极性。

1.引入PBL教学法，提高学生发现问题、分析问题和解决问题的能力

PBL教学法是“以问题为基础”的学习（Problem Based Learning，简称PBL），强调“以学生为主体，以问题为中心”，学生充分调动一切可利用的资源围绕中心问题查找资料，进行自学；强调学生的主动参与，从而大大提高了学习效果，而这种学习方法也正是日后接受新知识、新技能所必需的。所以说，PBL适应了知识爆炸时代免疫学知识更新快、信息量大的学习需要。通过PBL模式的

教学，学生可以学会自己主动去发现问题、分析问题、解决问题，学会临床思维与推理。

2. 启发式教学，激发学生潜能

对于教师的要求就是要善于引导转化，把知识转化为学生的具体知识，再进一步把学生的具体知识转化为能力，教师的主导作用就表现在这两个转化上，即：已知知识→学生具体知识→能力。这种方法能够很好地调动学生学习的积极性，促使学生积极思维，同时培养了学生分析问题、动手解决问题的能力。

3. 课堂讨论式教学，活跃课堂气氛

讨论是一种很好的互动交流过程，通过师生互动、生生互动，提高学生分析问题和解决问题的能力。在这个过程中，学生的参与意识会非常强烈，这可以极大地调动学生的学习兴趣。课堂上可以就具体某一个知识点、某一章节，播放一个相关视频，或者提出一个创意性的课题讨论，让学生以小组形式去了解，收集相关资料，利用学校资源去查找相关文献，最后总结归纳，在下一次的课堂上交流讨论，必要时可进行辩论比赛，让教学的课堂气氛变得活跃、不拘束。如在讲解过敏反应之前，给学生提前布置预习内容：搜集自己或身边人的过敏源，记下过敏的相关症状，然后进行预习。课堂上让学生分组讨论自己及家人朋友对哪些物质过敏及其相关的症状；然后大家分析讨论过敏源及其发生机制。通过自身的实例并结合免疫学内容的回顾，学生很容易掌握过敏的原因及相关疾病。

四、改变单一模式，实行多样化考核

由于考核内容和考核形式影响着课程的授课质量和学生的学风，所以对专业选修课考核内容及形式的选择应更为慎重。我们应摒弃传统的考核方式，建立一个真正全面、客观、合理的课程考核体系。其他教师的教学经验显示不宜采用开卷考试，主要是因为学生对开卷考试的意义理解不够，考试前搜集许多参考资料，形成了在考场上学习的现象。因此，采用平时成绩和期末成绩相结合的方式更合适一些。平时成绩由出勤抽查和课堂讨论组成。为了节约时间，提高教学效率，考勤方式主要采取第一节课前知识回顾的提问以及第二节课末知识总结的提问方式。并且在某些课中提出问题，将学生分成小组讨论，激发学生团队合作意识；或者通过调动学生主动走向讲台参与教授过程，变被动的学为主动的学。通过交流与讨论，不但锻炼了学生的逻辑思维和语言表达能力，而且活跃了

整个教学氛围，在很大程度上调动了学生学习的主动性和积极性。期末考试采用提交论文的形式。因此，在每个章节结束时，会提供一些结合本章重点和难点内容的课题，这些课题多数为免疫学方法在实际应用中的实例，例如 ELISA 方法检测弓形虫病等课题。指导学生从选题到搜集资料、筛选资料、构思论文直至最后成稿。为了引起学生的重视，应该在该课程的第一节课中说明考核方法，并要求学生根据授课内容尽早选定专题论文题目；同时强调专题论文不只是为了考核，更是为了锻炼学生分析问题、解决问题的能力，旨在培养他们的创新能力，使他们放弃“为了考试而学，为了考试而写”的错误思想。

综上所述，根据免疫与人类健康课程的特点，对该课程从教学内容、教学方法等方面进行的新尝试，不仅增长了学生的见识，激发了学生的学习兴趣和求知欲，而且也锻炼了教师，进一步提高了教学水平及质量，达到了开设专业选修课“培养学生个性，充分提高学生综合素质”的目的。

参考文献

[1]单志艳. 如何进行教育评价[M]. 北京：华语教学出版社，2007：293－294.

[2]齐梅兰. 在专业选修课教学中培养学生创新能力[J]. 中国高等教育，2004，(11)：43－44.

[3]闰炳文. 高校公选课教学管理中存在的问题和对策[J]. 长春理工大学学报，2009(4)：13－14.

[4]齐梅兰. 在专业选修课教学中培养学生创新能力[J]. 中国高等教育，2004，(11)：43－44.

[5]李婉宜，李明远，杨远，等. 医学微生物学引导式教学模式的应用研究[J]. 中国高等医学教育，2007(2)：91－92.

[6]贡福海，胡效亚. 改进公选课教学管理推动素质教育不断深入[J]. 中国大学教学，2007(2)：65－66.

[7]吕志风，战风涛，姜翠玉. 浅谈高校专业选修课的教学改革与实践[J]. 教改经纬，2011，(10)：43－44.

[8]陈联，孙慧. 国外公选课的设置及其借鉴意义[J]. 当代教育论坛，2009(2).

[9]Prince KJ，van Eijs PW，Boshuizen HP，et al. General competencies of problem-based learning(PBL) and non-PBL graduates[J]. Med Educ，2005，39

(4):394—401.

[10]黄升海.医学微生物学教学内容、方法改革初探[J].医学与社会,2001,14(3):56.

[11]汪洋,王万铁.提问式教学法在病生教学中的运用[J].中国高等医学教育,2007(6):81—82.

[12]丁明.对加强高校公选课教学管理的思考[J].河北工程大学学报,2010(27):50—51.

[13]李胜利.专业选修课教学中存在的问题与几点建议[J].中国地质教育,2009,(1):46—48.

(曲道峰,浙江工商大学食品与生物工程学院讲师,博士)

基于“成长小组”与“本导制”协同下的本科生特色培养模式研究

——以浙江工商大学食品与生物工程学院为例

石玉刚　李昂　吴遵义

我国本科生教育改革步伐在有效的教育实践活动的积极推动下不断向前迈进，但目前的教学模式仍基于传统的大班集体授课。类似于工业产业化的传统教学暴露出了种种缺点，如无法进行因材施教，导师责任感缺失、教学质量不理想等。由此造成我国学生包括受中国文化影响下的亚洲学生在大学毕业后，往往较难突破专业局限，做事按部就班，吃苦耐劳但胆怯退缩，谦虚同时又缺乏自信，眼高手低。而上述种种归根结底在于疏于对其创造力的培养。教育的魅力在于促进人的发展，而发展的核心则是创造力的形成。在国内外教育差异性的研究分析中，尤其是与美国学生的对比，早已看出我们在培养本科生创新精神这方面比较弱。国家在加强本科教学工作提高教学质量的专门文件中，要求提倡实验教学与科研课题相结合，创造条件使学生较早地参与科学研究和创新活动，积极推动研究性教学，提高大学生的创新能力。

“成长小组”是在小组工作者的协助下，分享小组经验，促进小组成员间互动与彼此成长的活动，帮助组员发挥潜能，在情绪、态度和行为等各方面获得提高与完善。此方法很早就被应用在西方发达国家学校教育中。大学在全校新生中开展“成长小组”活动，目的是帮助低年级同学尽快适应大学生活。“导师制”作为一种教育与管理学生的重要形式，它的主要目的是加强对学生的学习指导和思想指导，重视学生的个性差异。国内导师制主要在研究生教育中推行。近年来，国内许多高校也陆续采用本科生导师制，想以此弥补传统本科生教育管理模式的弊端，但是由于相关经验不足、教育手段单一等原因，成效并不显著。

本文提出一种颇具特色的“成长小组”与“本导制”协同下的本科生教育模式，有效发挥两者的协同作用，以期培养具有创新能力的专业人才。以浙江工商大学食品与生物工程学院为例，根据大学生的现状，把其培养阶段分为两个：对低年级（大一、大二）的学生让其组建“成长小组”，并初定班级责任导师。“成长小组”作为一种以异质小组为主的学习共同体，促进不同程度学生在小组内学生合作、探究，共同实现学习目标。对于学生在生活和学习中常见的问题，以“成长小组”为活动单元，并以小组的总成绩为激励依据，有针对性地开展各类小组活动，帮助其适应大学生活和专业学习，完成由中学生向大学生的转变，早日进入大学的学习状态；对高年级（大三、大四）的学生，在“成长小组”的基础上细化分组责任导师，开展科研，使本科生应用所学知识在实践中学习受益。这既能发挥学生的兴趣、专长，提高其综合素质，又能使教师充分融合教育、科研和学生管理等工作。使得学生能受到较好的行业指导和人生规划教育，知道将来走出校门后如何适应社会，实现自己的人生价值，全面促进学生知识、能力、情感、态度、个性的和谐发展。由此既解决了低年级本科生适应慢，学习效果差，又克服了高年级学生目标不明确，知识应用能力低等问题；提高学生自我管理、自主学习的能力；引导学生积极向上，不断进取。下面将两阶段情况详述如下。

一、“成长小组”阶段——本导制辅助下的“成长小组”

“成长小组”是在小组工作者的协助下，运用有关机制促进小组成员间互动与彼此成长的活动，最终目的是帮助组员发挥自己的潜能，在情绪、态度和行为等方面获得改变。此方法在西方发达国家已有近百年发展历史，很早就被应用于学校教育中。1994 年 Lewin 对小组动力理论在大学生成长小组中的应用进行了开创性研究，中国台湾学者潘正德进一步总结了小组动力的内涵。近十几年来，国内一些高校利用成长小组解决大学生存在的各种问题，如北京工业大学、中国政法大学、中华女子学院等。1999 年，华东理工大学在全校新生中开展成长小组活动，目的是帮助低年级同学尽快适应大学生活。

低年级大学生处于“转型期”，他们将面临诸多重要的人生发展课题，虽然生理渐趋成熟，心理却未达到真正成熟的水平，思想与心理均不稳定。他们面临着大学教育的第一个茫然期，即中学时目标明确，一心考大学，在上了大学之后，面对的是与过去截然不同的生活，许多学生不明白为何学习而失去动力，甚至因各种原因而产生厌学情绪，处于不知所措的状态。学生面临生活环境、学习内容、理想目标、人际关系等方面的改变时出现很多的不适应，这种状况会引发各种各样的矛盾和问题。所以,帮助他们更快更好地适应新环境是首要解决的问题之一。"成长小组"作为一种新的理念和方法,更侧重于人生成长阶段的转变,实现小组成员个人内在能力和人格的转变,使学生在新环境下构建和谐高效的生活与学习方式。

在自由组合的基础上,结合优势互补原则科学组建"成长小组",每班组建4支成长小组(6—8人/组)(见表1,表2),开展主题小组活动,建立小组动态跟踪表,班级导师通过模块式效能鉴定来综合评价实施效果,分析原因,调整方案。制定小组(成员)成长记录表。让每位学生独立完成《我的愿景》表格档案的建立,妥善保管,把它存入学生成长记录中。要求学生随着学期进度与对人生理解的不断深入,不断调整自己的发展愿景。开展小组对抗赛,激发学生自我管理、自主学习的动力。动态追踪活动效果,开展主题讨论会,使其目标明确,树立榜样。同时借助班级导师的协同作用,依托导师的资源平台,通过学科、导师介绍等系列活动,使学生进一步了解专业特点,增加专业认可度。

"成长小组"帮助学生正确看待自己的未来,处理与周围师生的关系,知道自己应该学习,如何学习。更重要的是,组员的互动帮助让学生正确认识自我,了解自我,悦纳自我,从而建立正确的自我概念,增强自信。组员们的互相认识,深入了解,互相帮助,无形中形成一定的社会支持网络,有助于他们在大学的学习生活中友爱互助、共同进步。

二、"本导制"阶段——成长小组辅助下的本导制

导师制作为一种学生教育与管理的重要形式,其主要目的是加强对学生的学习指导和思想指导,重视学生的个性差异。导师制产生于14世纪英国的牛津大学、剑桥大学,19世纪正式形成。1998年,美国Boyer研究型大学本科教育委员会在报告《Reinventing Undergraduate Education: A blueprint for America's Research Universities》中就曾建议广泛实施导师制。而目前我国高校导师制度仍主要在研究生教育培养中推行。

高年级的学生面临着大学学习的第二次茫然。在适应了大学生活后,背负着诸如考试挫败、恋爱失败、人际关系紧张、就业形势严峻等问题,对自身前途和未来生活没有把握,甚至有些产生心理疾病,走上犯罪道路。开展"研本对话"、"名师高徒"等活动,提高学生创新能力。"考研——考验"、"出国指南"、"企业进校园"等活动,为大学生在深造与就业等现实问题上提供了有效参考(见表1,表3)。此间通过确定分组责任导师,成员在小组责任导师指导下开展科研,在科研实践中增强创新能力。依托导师科研平台,开展多种形式的对话交流活动,让学

生明确目标,并基于正确的自我定位,实现既定目标。

导师的作用首先体现在对学生德育方面的作用。"本导制"增加了学生与老师之间的接触,导师的品质和人格力量对学生的作用巨大。大课堂的教学模式,导致教师与学生有一定隔离,无法动态跟踪教学质量。"本导制"加强了教师的责任感,调动其从事教学工作的积极性,加深师生的沟通,使得教学中的情感作用得到发挥。导师的言传身教为学生优秀品质的形成创造良好的条件,导师的耳提面命潜移默化地影响着学生的世界观、人生观和道德情操的形成。

本科生提前进入导师实验室进行科研活动,是加强对学生学科问题解决能力培养的优选方式。教学的一个主要目标是提高学生创造性解决问题的能力。"授之以鱼不如授之以渔",注重学生"学习能力"的培养班导师应帮助学生树立"自我学习,终生学习"的现代学习观。科研活动注重学生的实践过程,帮助学生完成在学习习惯和学习方法上的转变,帮助其有意识地打破学科之间的壁垒,课程学习能在不同学科的交流环境中得到融合、启示。导师更应注意启发学生独立思考,倡导学生提出与教师不同的见解。在这一阶段学生应该既学到了专业知识,又锻炼了实践能力,并且逐步养成不断自我充实的习惯。可以说,能否很好地转变学习习惯和学习方法,从短期来说关系到学生在校期间的成长,从长远来看关系到学生一生的成长;从小的方面来说关系到学生个人的发展,从大的方面来讲关系到社会的发展。只要学生善于思考,勇于创新,有持之以恒的学习态度,他们自身的综合能力就会持续发展,整体素质就能得以提高,最终达到培养能力目标的实现。

"成长小组"与"本导制"协同下的本科生教育模式,着眼于学生个性潜能的开发与发展,着眼于学生创造性的培育,着眼于学生发现科学真理的能力的提高,着眼于创造未来而不是接受未来。我们应发掘其蕴藏的无限创造力,实现本科教育的真正内涵。

表 1　不同培养周期中"成长小组"与"本导制"协同下的特色培养模式

	学习任务、学生特点	特色培养模式
第一阶段 (直接诱导成长期)	基础课学习 通过 CET－4 角色转换 适应大学新生活	"成长小组"为主,"本导制"为辅(表 2)
第二阶段 (辅助自觉培养期)	专业课学习 通过 CET－6 目标培养 自我实现	"本导制"为主,"成长小组"为辅(表 3)

注:以本院本科生为研究对象,将本科生培养周期科学地划分为两个阶段第一个阶段(大一、大二)即直接诱导成长期,第二阶段(大三、大四)定义为辅助自觉培养期,并将"成长小组"与"本导制"协同下的特色培养模式有效地应用于本科生培养全过程。

表 2　导师责任制辅助下的“成长小组”活动目的及内容

	活动目的	小组活动内容
大一上半学期 （初级适应期）	帮助小组成员适应大学新生活	①制定小组成员信息登记表 ②开展主题讨论会（大学一个月、感恩、榜样就在身边等）③学科、导师介绍等
大一下半学期至大二学年 （适应期结束）	探索学习方法	①小组对抗赛 ②经验交流 ③导师论坛等

注：导师责任制辅助下的成长小组：自由组合的基础上，结合优势互补原则科学组建“成长小组”，每班组建 4 支成长小组（6－8 人/组），开展主题小组活动，建立小组动态跟踪表，班级导师通过模块式效能鉴定来综合评价实施效果，分析原因，调整方案。

表 3　成长小组辅助下的“本导制”活动目的及内容

	活动目的	小组活动内容
大三学年 （实践期）	明确目标	①确定责任导师 ②开展科研活动 ③“研本对话”等系列活动 ④“名师高徒”等系列活动
大四学年 （冲刺期）	正确自我评估 调整状态	①参加大学生“挑战杯”②出国指南系列活动 ③“考研——考验”系列活动 ④企业进校园等活动

注：“成长小组”辅助下的导师责任制：确定分组责任导师，成员在小组责任导师指导下开展科研，在科研实践中增强创新能力。依托导师科研平台，开展多种形式的对话交流活动，让学生明确目标，基于正确的自我定位，实现既定目标。

参考文献

[1]Reinventing Undergraduate Education: A Blueprint for America's Research Universities[M]. Boyer Commission on Educating Undergraduates in the Research University, Room 310, Administration Bldg., State University of New York, Stony Brook, NY 11794－0701.

[2]马兰. 合组学习：给教师的建议[J]. 人民教育. 2004,5(13):22－24.

[3]张伟平，赵凌. 新课程中的合作学习：问题与思考[J]. 教育发展研究，2005,6(7):99－101.

[4]刘涛. 基于学生主体需要的合作学习——试析合作学习在实践中的困境[J]. 教育发展研究，2007,5:39－42.

[5]孙玲芳，金明，徐曰光. 导师责任制下提高研究生培养质量的思考与实践[J]. 江苏科技大学学报：社会科学版，2007,7(3):106－108.

[6]张超. 小组动力学在大学生成长小组中的应用及反思[J]. 社会工作社工

方法,2008,2(7):34—36.

[7]李英,李雪.工科研究生教育现存问题及解决方法[J].理工高教研究,2005,2(4):37—40.

[8]娄欣生,周艳球.研究生导师师德建设探索[J].高教发展与评估,2005,21(4):49—51.

[9]楼成礼,孟宪志.研究生导师非权力性影响刍议[J].中国高教研究,2004,10(2):51—52.

[10]李志义.对大学教育的三思[J].中国高等教育,2009,7:26—28.

[11]韩立福.小组合作学习概念重构及其有效策略[J].教学与管理,2009,4:1—6.

(石玉刚,浙江工商大学食品与生物工程学院讲师,博士)

基于 Curtipot 仿真滴定数据的计算机辅助仿真教学案例

房　升

化学计量学教学往往强调算法在 NIR、IR 等中的应用，对于滴定应用很少涉及，使得学生对这方面不是很熟悉。酸碱滴定是分析化学的重要内容之一，普通的酸碱滴定实验只教学生对单组份化合物的滴定计算，而现有实际应用体系中往往有许多是混合体系，如化工生产中的酸性同系物、多种酸性食品添加剂等。对于这些 pKa 差距小于 4 或浓度很稀的混合体系，普通的滴定方法不能进行有效分析。近年来，化学计量学(Chemometrics)的发展，使得复杂多组分离子的分析变得简单。Lindberg 等最先将偏最小二乘法引入电位滴定分析中，通过滴定得到多元数据，用数学方法代替了繁琐费时的化学掩蔽和分离法。此后，许多新颖的算法被应用到多元校正滴定中，如神经元网络、正交信号校正等，一些实用的体系也不断被开发。计算滴定的教学有助于学生拓宽这方面思路。

教学实践证明，电子课件做得再生动完美还不如让学生参与实践来得有效。正如高等教育界有句名言：告诉我，我会忘记；演示给我，我会理解；让我参与，我将学会。但是在仪器条件缺乏的情况下，要想让每个学生参与实验是传统的教学不可能实现的，而采用计算机辅助教学则使其变为可能。学生结合仿真实验软件，可以进一步加深对书本上理论知识的认识和理解，而且可以培养他们的动手能力(尽管是模拟软件)，使他们将来面对真实的实验仪器和实践环境时不会觉得生疏。本文介绍基于计算机滴定模拟软件 Curtipot 滴定数据的化学计量学计算滴定仿真教学案例。

一、数据模拟

先设计校正集和用于检验的测试集浓度，如设计表1的校正集和表2的预测集。

采用 Curipot 模拟实验滴定数据，方法如下。

鉴于如上的酸种类，打开 Cuipot 软件，在 K/L/M2 栏选择相应的酸，可以直接从下拉菜单中选择，可以选择7种不同的酸混合物，分别在 K2－Q2 栏中。本文如上面表中，选择3种。软件数据库中含有242种不同类型的酸，基本上常见的酸碱添加剂等都包含在内，如倪永年等分析的酪氨酸和色氨酸混合物体系，还有其他体系，可以说现有的文献大部分酸碱离子体系都可以通过它模拟滴定出来。利用软件模拟得到的本文滴定校正集。

每个溶液采用38mL的0.1mol/L的NaOH滴定，采用固定滴加长度（分成120个等分滴加）的方法滴定。设定好浓度后，点击 Titrate with constant Volume additions 可以得到滴定剂加入量与pH之间的关系。对于用于多元校正滴定分析的数据，必须是特定pH下的滴定剂的体积数据。因此，必须对模拟得到的数据进行转换，此时采用 Matlab 中的 interpq1 函数，将 Curtipot 中模拟得到的 pH simulated 栏数据拷贝到 matlab 中作为 x，并将 Vadd（mL）数据拷贝到 matlab 中作为 y，此时将所要记录的 p 个电位或 pH 值输入到 x1 中（本文是 pH3.00—pH12.00，每隔0.05pH取一个点，共181个pH），执行 y1＝interp1q（x，y，x1），得到的 y1 数值即线性内插得到的每个 pH 处消耗的滴定剂的体积 v。

表1　校正集中各种酸的浓度

Table 1 Concentrations of different acids in the calibration set

Sample number	Concentration（$\times 10$mmol L^{-1}）		
	Oxalic acid	Citric acid	Boric acid
1	0.482	0.520	0.425
2	0.482	0.975	1.700
3	0.482	1.495	1.275
4	0.482	1.950	2.550
5	0.821	0.520	1.700
6	0.821	0.975	0.425
7	0.821	1.495	2.550

续表

Sample number	Concentration($\times$10mmol L^{-1})		
8	0.821	1.950	1.275
9	1.458	0.520	1.275
10	1.458	0.975	2.550
11	1.458	1.495	0.425
12	1.458	1.950	1.700
13	2.223	0.520	2.550
14	2.223	0.975	1.275
15	2.223	1.495	1.700
16	2.223	1.950	0.425

在多元电位滴定校正中，对于 n 个溶液样品，每个溶液含有 q 种不同的酸，当这些溶液被 NaOH 滴定时，取 p 个电位或 pH，在每个电位或 pH 处，记录所消耗的滴定剂的体积 v，则得到一个 n × p 的滴定剂体积矩阵 V。这样本文的矩阵 V 为 16×181 矩阵，每一行代表一个溶液的滴定曲线，每一列代表每个溶液滴定到某个 pH 时的滴定剂 NaOH 用量。根据相应的浓度可以得到一个 16×3 的矩阵 C，即本文的表 1。

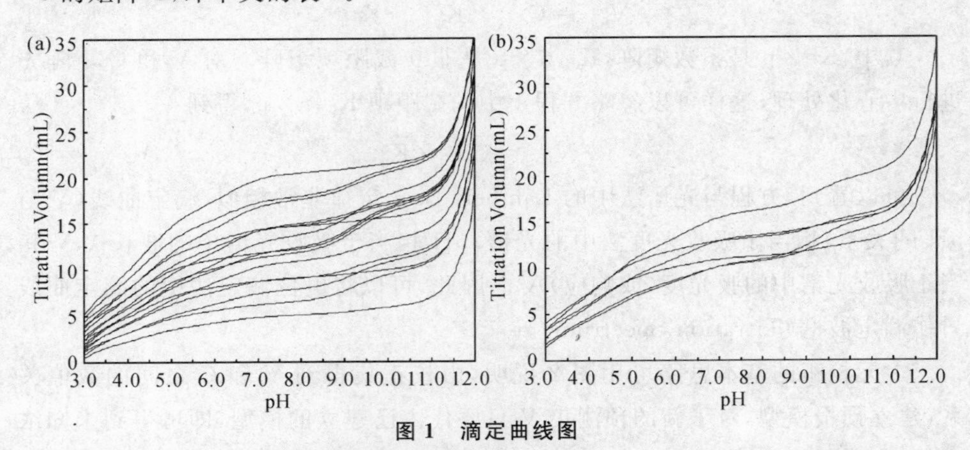

图 1　滴定曲线图

按照表 2 中浓度模拟预测集的滴定曲线。同样对于预测集按照上面的方法进行滴定，得到一个 6×181 的预测集滴定矩阵 Vt，其相应的浓度矩阵为 6×3，即与表 2 同。

表 2 预测集中各种酸的浓度

Sample number	Concentration($\times 10$mmol L^{-1})		
	Oxalic acid	Citric acid	Boric acid
t1	0.578	1.398	2.340
t2	0.798	1.235	1.780
t3	1.780	0.680	0.760
t4	2.120	0.796	1.240
t5	1.250	1.865	1.980
t6	0.965	1.620	0.880

二、化学计量学方法应用

Kowalski 等提出，滴定剂体积矩阵 V 与多种待测物的浓度矩阵 C 都存在着比例关系，可由偏最小二乘法对其解析。其中，体积矩阵 V 与多种待测物浓度矩阵 C 之间的线性关系，是由我国化学计量学著名学者提出，如方程 1：

$$V_{n\times p}=C_{n\times p}\times K_{q\times p}+K_{0,n\times p} \quad ①$$

其中，Kq×p 是系数矩阵，K_0，n×p 是非 0 截距项矩阵。对 V 和 C 矩阵先进行中心化处理，这样可以忽略方程 1 中的截距项 K_0，n×p，得到

$$\overline{V}_{n\times p}=\overline{C}_{n\times q}\times\overline{K}_{q\times p} \quad ②$$

可以看到，方程与光谱法中的 Lambert-Beer 定律非常相似，滴定曲线(V 与 pH 的关系)相当于吸收光度法中的光谱；pH 相当于吸收光谱中的波长 λ，V 相当于吸收光谱中的吸光度(或响应)A 。因此，可以将电位滴定法中的滴定曲线看作滴定波谱(Titration Spectrum)。

多元校正的基本思路可用图 2 说明，由校正集得到 V 和 C 之间的数值关系，建立预报模型，对于新的预测集 V 只要代入已建立的模型，即可得到未知浓度解。

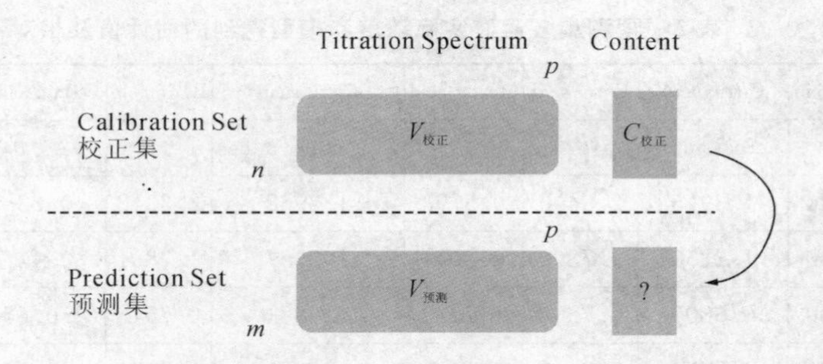

图 2　多元校正中校正集和预测集之间的关系示意图

通过原理的说明，让学生明白滴定谱图的概念，从而建立滴定图谱与波普之间的联系性，进一步使学生意识到几乎所有在波谱学中适用的多元校正算法都可运用于滴定波谱。

此后就是化学计量学软件的应用。上述数据可以让学生联系基本的基于主成分的模型。在 matlab 中借助常规的化学计量学工具箱或基于课本让学生编写 PCR 与 PLS 程序。对于 PCR 与 PLS 模型中涉及的主成分数可以让学生编写利用留一交叉验证法(Leave One Out Cross Validation)来确定。

为了考察验证模型的预测能力，分别配制 8 个不同离子组成的混合物溶液，作为未知浓度的预测集。预测集溶液中不同离子的实际浓度见表 2，其浓度组成在一定的比例范围变化，以模拟真实的分析情况。对于这些未知溶液，在校正集相同的条件下，测出不同 pH 值(3.00 到 11.00，间隔 0.50)下的 NaOH 消耗体积矩阵，代入化学计量学模型，得到的各个溶液预测结果也列于表中，包括每个浓度的预测相对偏差 AAD %。为了能够进一步系统地比较不同模型的预测性能，需计算预测集的平均相对偏差 AAD %和预测均方差 RMSEP。

$$\mathrm{AAD}\% = 100\left[\frac{1}{n}\sum_{i=1}^{n}\frac{|c_i - c_{i,\mathrm{pred}}|}{c_i}\right] \quad ③$$

其中，ci 为真实浓度，ci，pred 为预测值。

利用新的移动窗口法(简写为 MW－PLS)优化 pH 区间和组成分数，回归得到的结果列于表 2，使用普通 PLS 算法得到的结果也列于表中。两个模型计算得到的 AAD %和预测均方差 RMSEP 列于表 3 中。

表 3 预测集各溶液实际浓度和模型得到的估计值及相对偏差

Oxalic acid	Citric acid	Boric acid	Oxalic acid	Citric acid	Boric acid	Oxalic acid	Citric acid	Boric acid
	Actual values			Prediction values			AAD%	
0.5780	1.3975	2.3400	0.5793	1.3968	2.3312	0.22	−0.05	−0.38
0.7980	1.2350	1.7800	0.8014	1.2337	1.7801	0.42	−0.11	0.01
1.7800	0.6800	0.7600	1.7702	0.6881	0.7516	−0.55	1.20	−1.10
2.1200	0.7960	1.2400	2.1165	0.7991	1.2376	−0.17	0.39	−0.19
1.2500	1.8650	1.9800	1.2540	1.8631	1.9758	0.32	−0.10	−0.21
0.9650	1.6200	0.8800	0.9755	1.6115	0.8895	1.08	−0.52	1.08

通过上面的模拟数据分析,学生可以对电位滴定有一个了解,并且对于多元校正滴定在多元酸碱中的分析应用也拓宽了思路。对于化学计量学方面,可以让学生熟悉常规的算法在多元校正分析滴定中的应用,对于一些新的算法,学生和研究者可以首先采用 Curipot 软件进行模拟分析,并进一步进行实验设计和真实滴定分析。这对于缺乏实验设备的情况等是有帮助的,使我们不需要经过繁琐的实验测定也能了解整个滴定过程中溶液体系的化学变化。

三、结论

酸碱滴定是分析化学的重要内容之一。本文介绍了模拟滴定程序用于化学计量学的数学模型和设计思路,并给出了 Curtipot 程序的应用实例。程序对模拟滴定过程的计算和作图十分方便,该程序的应用能使化学计量学中的滴定教学活动变得更加生动,Curtipot 程序是计算机辅助化学计量学、分析化学和数据处理等教学中的一件有价值的工具。

参考文献

[1]Lindberg W,Kowalski B R. Evaluation of Potentiometric Acid-base Titrations by Partial-least-squares Calibration[J]. Analytica Chimica Acta,1988,206:125−135.

[2]LIU Fei,HE Yong,SUN Guangming. Determination of Protein Content of Auricularia Auricula Using Near Infrared Spectroscopy Combined with Linear and Nonlinear Calibrations[J]. Journal of Agriculture and Food Chemistry,2009,57(11):4520−4527.

[3]NI Yongnian. Simultaneous Determination of Mixtures of Acids by Potentiometric titration[J]. Analytica Chimica Acta,1998,367:145－152.

[4]张云.计算滴定分析法的分类及其进展[J].分析科学学报,2006,22(6):731－736.

[5]倪永年,蔡英俊.偏最小二乘速差动力学分光光度法同时测定酪氨酸和色氨酸[J].食品科学,2008,29(3):433－435.

[6]NI Yongnian, XIAO Weiqiang, KOKOT Serge. A differential Kinetic Spectrophotometric Method for Determination of Three Sulphanilamide Artificial Sweeteners with the aid of Chemometrics[J]. Food Chemistry,2009,113:1339－1345.

[7]梁逸曾,俞汝勤.化学计量学[M].北京:高等教育出版社,2003.

(作者为浙江工商大学食品与生物工程学院副教授,博士)

基于过程方法的实践教学管理模式构建

楼　明

实践教学是高等教育中的重要组成部分，是增强学生动手能力、掌握专业操作技能的重要且行之有效的途径。加强实践性教学环节，不仅能巩固已学到的理论知识，而且能够培养学生理论联系实际的能力和分析问题、解决问题的能力，对于活跃思维、开阔思路、提高创新能力起着积极的作用。因此，实践教学对于培养学生的实践动手能力与创新能力意义重大。而实践动手能力与创新能力又是人才培养的关键。随着社会的发展，对专业人才提出了更高的要求，如何适应和满足社会对人才的需求，如何提高我们学生的毕业就业率，成为我们必须要面对的问题。为了实现培养目标，使学生走向社会的路更宽，就业途径更广，开展实践教学管理模式构建的研究探索很有必要。

一、过程方法

如何理解过程方法，首先应理解过程。过程是理解过程方法的基础。过程是"一组将输入转化为输出的相互关联或相互作用的活动"。学生实践教学成效是"过程的结果"。程序是"为进行某项活动或构成所规定的途径"，任何将所接收的输入转化为输出的活动都可视为过程。过程有大有小，大过程中包含若干个小过程，若干个小过程组成一个大过程，这个大过程又可能是另一个更大过程的组成部分。对不同学生来说，构成是不同的。如单一学生实习的过程可能只是某一类实习任务过程，班级过程可能是所有类型实习任务过程，过程具有分合性。任何一个过程，都可以分为若干个更小的过程；而若干个性质相似的过程，又可以组成一个大过程。通常,一个过程的输出会直接成为下一个过程的输入,形成过程链,这种过程链既存在于横向形式,又存在于纵向形式,还存在于其他各种形式。事实上,实践教学的所有过程通常不是一个简单的按顺序排列的结构,而是一个相当复杂的过程网络。过程方法实际上是对过程网络的一种管理办法,它要求学校和院系系统地识别并管理所采用的过程以及过程的相互作用。

二、基于过程方法的实践教学管理模式

1. 基于过程方法的实践教学管理模式图

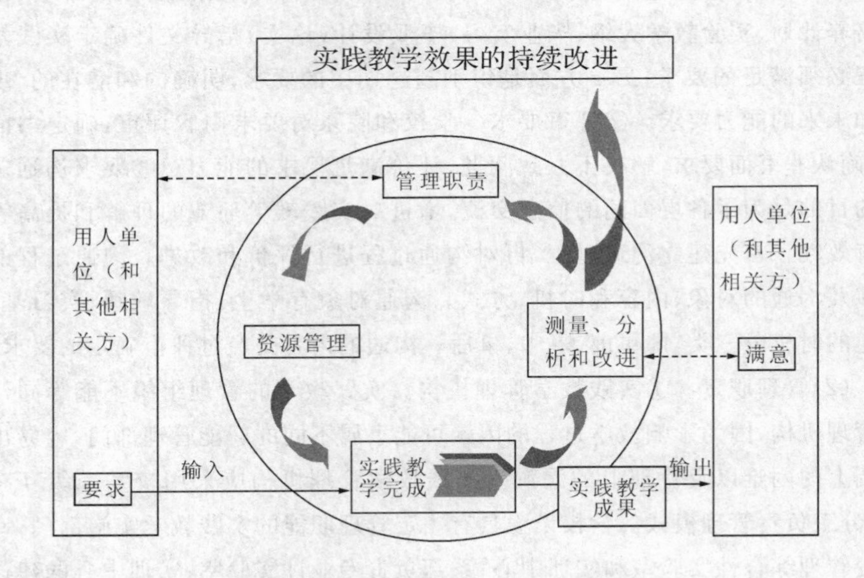

图 1　基于过程方法的实践教学管理模式

图 1 展示了基于过程方法的实践教学管理模式的过程联系,反映了学校在确定输入实践教学要求时社会及用人单位起着重要的作用。用人单位要求作为产品实现过程的输入,学校通过实践教学完成过程,将实践教学成果输出提交给用人单位,以增强用人单位满意度。用人单位是否满意则需要学校通过监视、测量和分析来评价是否满足其要求的感受等相关信息。从用人单位要求到实践教学成果再到用人单位满意,一连串的活动是提高实践教学成效的活动。圆圈中的四个矩形方框"管理职责"、"资源管理"、"实践教学完成"和"测量、分析和改进"中的四个箭头分别代表了它们之间的逻辑顺序。它们通过四个箭头形成闭环,表明实践教学效果是不断循环上升的。图中,在管理职责与用人单位要求之

间以及在测量、分析和改进与用人单位满意之间存在一个双向虚线箭头，这表明在管理职责与用人单位要求之间以及在测量、分析和改进与用人单位满意之间存在双向信息流。图中的大箭头表明学校实践教学管理的所有过程都应得到持续改进。

2.基于过程方法的实践教学管理体系的运行过程

(1)用人单位和相关方要求。用人单位和相关方的要求作为实践教学过程策划的输入，确定挑战性的实践教学目标。这一过程又包括识别要求、评审要求、要求沟通三个分过程。①识别要求。一方面是识别必须履行的要求，根据教学培养计划、实验教学大纲、毕业实习、毕业设计(论文)指导文件确定实践教学过程必须满足的要求；另一方面是识别超越期望的要求，明确的和潜在的、现在的和未来的能力要求。②评审要求。学校和院系对要求内容评审，确定书面要求，确认非书面要求，解决不一致问题，评价满足要求的能力。③要求沟通。沟通的目的是为了各层面间的信息交流，增进对实践教学环节的理解和提高管理的有效性。首先建立沟通过程，再对沟通过程进行评价和改进。沟通过程的建立涉及沟通的对象、内容和时机、方式。沟通对象有学生、指导教师、实习基地；沟通的时机分三类，即事前、事中、事后。沟通的内容是经过评审确定的要求。

(2)管理职责。①实践教学管理机构。实践教学的管理组织不能等同于行政管理机构，因为影响教学过程的因素可能隶属不同的职能管理部门，容易出现协调上的困难以及管理上的漏洞。实践教学管理机构应采用校系二级互有侧重、分工负责管理模式。学校设立具有一定管理职能的实践教学实施部门，专职负责管理综合性实验室和实训中心；系部负责专业性实验室、实训中心的建设与管理，教学组织实施。实践教学任务的下达，应由学校管理。校外实践教学基地应由校企双方根据合作协议共同管理，系部进行协助管理，按专业教学标准安排实践教学环节，实施质量监督和考评。学校应成立教学指导委员会领导下的实践教学行政管理机构，负责全校实践教学的计划组织、管理协调、资源的优化配置和合理利用、质量监控与考评等工作。②实践教学标准。实践教学形式主要有“随堂实验”、“综合实验”、“实习”、“课程设计”、“大作业”、“毕业设计(论文)”等几个方面。针对不同的实践环节，由教务处提出指导性实践教学标准，由院系制定详细的实践教学标准。“随堂实验”、“综合实验”教学标准应包括教学态度、教学准备、教学、实验报告、实验教学改革等内容；“实习教学”标准应包括工作态度、准备工作、组织与管理、成绩考核、实习总结、成绩评定、资料保存等内容；“课程设计”、“大作业”应包括教学态度、准备、设计指导、总结、成绩评定、资料保存内容;“毕业设计(论文)”应包括教学态度、选题试做、指导过程、答辩成绩评定、资料保存等内容。③实践教学管理职责、权限与沟通。实践教学的职责、权限应得到规定,即要求明确各部门和实践教学岗位的设置,并明确各部门和实践教学岗位的职责和权限;各级实践教学部门和人员的职责、权限得到沟通,即在明确有关部门和实践教学岗位的职责和权限后,要求各部门和岗位之间通过各种方式(如会议、培训等)相互了解有关职责和权限,通过沟通,使各自的职责和权限规定得更合理,从而促进实践教学管理体系运行的有效性。

(3)资源管理。①师资队伍管理。有计划地提高实践教学教师的质量意识和专业技能,为实践教学提供人力资源保证。引进适用人才,对相关教师进行业务培训。学校人事处负责师资队伍的管理,会同院系制定年度培训计划,并组织实施培训。培训方式包括自学、集中授课、现场指导、外送培训等。培训内容根据实践教学形式确定。新教师培训必须进行岗位职责、岗位应知应会、专业知识等内容培训。人事处按照年度培训计划的安排,组织相关人员参加培训,并做好培训记录,培训完后毕采用书面考试和现场操作评定两种考核方式进行考核,考核合格后方能上岗。②实践教学条件。专业实验室是实践教学的主要场所,要建设适用的专业实验室和加强校外实践基地建设。学校各类实验室按分类和性质承担相应的教学任务并配置仪器设备。基础实验室和专业基础实验室应按教学计划、教学大纲的要求和专业特点,分组配置,选用适用面广的仪器设备。专业实验室根据各专业发展的需要,实验教学大纲的要求,结合专业人数,在学校财力允许的范围内逐步配置先进的仪器设备。校级和学院实验室根据教学工作的需要适当配置专用和通用型的大型精密设备。10万元以上的设备专管共用。校级中心和院级中心实验室应按通用型的设备配置。③实践教学文件。实践教学计划大纲必须融入专业教学计划,与其他课程相配套,协调一致。教学计划的管理过程必须坚持统一性与灵活性相结合。教学大纲是学科课程标准,学校应制定统一的教学大纲标准,标准中应包括教学目的、任务、内容、范围、体系、教学进度、时间安排及教学方法。此外,应责成二级学院把关,最好能请外校同行审核。在教学计划、教学大纲实施过程中应加强监督,防止随意改变内容及进程。

(4)实践教学完成。过程方法要求每一个过程都有效。因此,我们必须对它们进行控制,防止过程出现异常。控制时要注意过程信息,当过程信息有异常倾向时应立即采取措施,使其恢复正常。通过对实践教学过程的测量和分析,可以发现实践教学过程存在的不足及可改进之处,对其进行改进,最终达到“输出”实践教学效果的提高。为了保证实践教学过程中的每一个过程都持续达到预期的目标,我们必须采用适当的方法对实践教学过程进行监督、测量和监控。对实践教学过程实施监控,可以从以下几个方面着手:第一,建立多样式的实践教学监控机制。根据专业的要求和实践教学的性质,对各实践教学的监控应采取常规检查与专项检查相结合,定期检查与随机抽查相结合,学校检查与系部自查相结合,教学督导人员检查与教学管理人员检查相结合等形式。这些形式都可以在实践教学管理中来实施,如安排系部主任和教学管理人员每天巡查、领导随机巡查、教学督导人员专项检查;安排每学期的期初、期中、期末定期检查;安排学生测评和企业测评等来实施实践教学的监控。如果在教学条件允许的情况下,可以采用现代的科技手段进行监控,对实践教学的关键性环节采用全程录像。第二,建立健全日常实践教学质量标准评价体系。建立起实践教学质量监控体系,首先应建立和完善实践教学质量标准,这是实施实践教学过程质量监控与测量的依据。围绕高素质技能型专门人才的培养目标,制定符合学校实际水平和教学特点的实践教学的质量标准。具体措施如下:在管理层面上要实施院、系、室三级质量监控管理,按照各自在实践教学质量监控体系中的职责,制定实践教学质量标准并组织承担各种专项检查;在实践教学方面,可在实践教学准备(如实践教学标准、实习计划、实习指导书等质量标准)、实践教学实施(如实践教学纪律质量标准)、考试考核(如实践教学的考核管理办法、实践教学的操作标准)等环节制定相关的质量标准,这些实践教学质量标准的建立与完善,可以保证教学工作过程的监控与评估的顺利展开。第三,建立实践教学质量信息反馈系统。实践教学质量信息反馈系统是教学质量的反馈过程,也是教学质量监视、测量体系的一个重要组成部分。目前院校的实践教学质量信息是通过开展一些校内教学活动,从教务处、系、教研室、教师、学生中获取,从而形成了一个由教务处、系、教研室、教师、学生构成的纵横交叉的信息跟踪、反馈网络。另外还有一个更为重要的实践教学质量信息反馈系统需建立,即学校、社会组成的实践教学信息跟踪、反馈系统。其建立的途径主要有两条:一是毕业生通过结合自己的工作实践对实践教学提出建议;二是通过本行业资深管理和工程技术人员,结合其自身的长期一线企业工作经验,对相关实践教学提出实质性建议。通过对这些信息分析,可以使实践教学的内容更具有针对性,教学方法更具科学性,拉近实践教学与实际工作的距离。

(5)测量、分析和改进。①实验、实习报告、自我总结。实践教学结束时,学生完成实验、实习报告,把自己做的写下来,力求做、写、说一致,力求创新性,必要时进行小组交流。②座谈会总结。组织学生、教师进行座谈会，毕业实习环节可邀请实习基地单位人员座谈，参加者为实习基地人事部、各实习车间主任、实习指导教师、系部领导、教研室主任、全体实习的学生。各方肯定成绩，指出不足，听取学生、教师和实习基地人员对实践教学的组织、管理、实施过程中的意见，明确改进的方向，探讨改进措施。③满意度的测定。通过对用人单位的回访、座谈以及调查表的调查，测定满意度。

参考文献

[1]曾雄鸣.企业化实训实践教学管理模式的探索与研究[J].四川烹饪高等专科学校学报，2011，3：57－59.

[2]梁玉梅.加强实践教学管理，有效提高实践教学水平[J].时代教育，2011，5：234.

[3]王莹莹，陈双，孔欣欣.校企合作共建食品专业实训基地的探索[J].科教导刊，2011，7：29－30.

[4]于凤云，张锡娟.新形势下学院层面实践教学管理存在的问题与对策[J].考试周刊：自然科学版，2011，39：205－206.

[5]李伟.食品质量与安全专业实践教学体系探索与实践[J].广东化工，2011，4：217.

（作者为浙江工商大学食品与生物工程学院副教授）

论工程制图课程与工程实践能力的培养

吕述纲　何阳春

一、工程制图课程的性质

工程制图课程作为工科各专业的一门专业技术基础课，是对工科学生进行启蒙工程意识，建立工程概念，培养空间思维能力的工程引导教育的前导课程。工程制图课程对学生工程素质培养的教育功能主要体现在它的基础理论、基本技能和特有的思维方法上。

1. 工程制图课程的基础理论

工程制图课的基础理论知识包括：投影理论、制图基本知识和工程图样阅读与绘制。这些知识是理论与实践经验的总结和概括，是培养和获得工程实践能力的基础。假如没有扎实和系统的投影理论基础知识，就谈不上空间想象力的提升和工程应用能力的形成。工程基础理论知识是培养应用型工程技术人才的需要，不但为学生今后的学习和工作提供了专业能力的迁移和广泛适应的可能性，同时也有助于学生认识和理解工程专业知识的内在联系。

2. 工程制图课程的基本技能

工程制图课程的基本技能包括：徒手作图、仪器作图和计算机绘图等技能。这些制图技能不仅是工科学生在校学习应具备的基本技能，也是学生将来参加工作后应具备的工作能力。必要的基本技能是工程实践能力获得和发展的基础，同时也提供了专业迁移的可能性，为开拓创新提供了可能性。基本技能对工程实践能力的发展起着重要的促进作用。如果缺乏基本技能就难以迁移到新的工作境界，就难以培养和发挥其专业技能，更谈不上有新的开拓和创新。

3. 工程制图课程的思维方式

工程制图是以三维实体为研究对象，用投影法的基本理论来解决三维空间的二维表达问题，也就是要把一个三维空间的几何问题转化为二维平面的几何作图问题，这种转化过程必须是完全可逆的。在可逆的过程中伴随的思维方式为形体联想、想象的单一形式及概念判断推理相互往复交替的复合形式。工程制图学的这种独特思维方式不仅要有较强的逻辑思维，更主要的是要用形象思维来研究问题和分析问题，可以说形象思维是思维可逆转化的桥梁。

工程制图的核心是图，其最大的特征是运用形象思维来思考问题，这种思维方式贯穿思维过程的始终。工程制图这种特有的思维方法对培养学生空间想象力十分有效。

二、工科学生应具备的工程实践能力

1. 工程实践能力的内涵

工程实践能力是指从事工程实践的工程专业技术人员的一种能力，是面向工程实践活动时所具有的潜能和适应性。工程实践能力的特征是：第一，敏捷的思维、正确的判断和问题的发现能力；第二，理论知识和实践的融会贯通；第三，把构思变为现实的技术能力；第四，综合运用资源，优化资源配置，保护生态环境，实现工程建设活动的可持续发展能力。

工程实践能力实质上是一种以正确的思维为导向的实际操作能力，具有很强的灵活性和创造性；是一种源于和面向实践，并运用所学知识使知识在实践中得到完善提高的能力，也是工科学生必须具备的一种素质。

工程实践能力主要包含以下内容：一是广博的工程知识素质；二是良好的思维素质；三是工程实践操作能力；四是扎实的方法论能力；五是工程创新能力。

工程实践能力的形成并非是知识的简单综合，而是一个复杂的渐进过程。将不同学科的知识和能力要素融合在工程实践活动中，使能力要素在工程实践活动中综合化、整体化和目标化。

2. 工程实践能力的培养途径

促进专业基础理论知识的扎实掌握是工程实践能力和素质发展的基础。专业基础理论知识的掌握主要通过应用导向的理论学习来实现。根据美国认知心理学家安德森提出的知识分类理论，可以将知识划分为陈述性知识和程序性知识两大类。在工科学生的专业理论学习中，则包括关于“是什么”的描述性知识和“如何做”的规则性知识。

工科本科教育强调“应用性”的特征决定了“如何做”的知识在人才培养中占有非常重要的位置。通过教师的讲授，学生可以获得对技术理论知识的初步感知和理解。在此基础上，通过实验操作、项目学习和生产实践等方式，使学生主动参与到专业领域的知识探究中。在问题解决的过程中，学生对新授知识进行选择、加工和重组，进而实现理论知识内化和认知体系的重构。因此，打破“重理论教学、轻实践”教学状态，建立一种“工程实践为导向”的理论学习模式，实现理论讲授与实践探究的并行交叉和协调整合，是工程实践能力获取的重要方式。

3. 真实环境的实践应用

促进工程实践能力的培养，主要是通过实践教学获得发展。在实践教学中，学生把通过理论学习获得的专业理论知识应用于工程技术实践中，通过知识的应用和转化，外化形成学生的工程实践能力。工程技术知识具有难言性特征，因此，具有潜隐特征的默会知识成为工程实践活动的重要成分，也是影响工程实践能力形成的重要因素。默会知识具有明显的情境性和实践生产性特征，学校中的模拟实践环境缺乏真实的“企业感”，尽管对于基本能力的训练是必要的，但在学生实践能力培养中的缺陷也很明显。而真实的实践环境有利于学生获得对企业产品技术标准、企业技术实际问题以及对企业文化的感知等，这些是学校模拟实践所无法具备的功能。因此，在提升学生工程实践能力的过程中，可通过现场教学、工程训练、生产现场应用实践的工学交替实践教学体系，使学生“真刀真枪”完成学习阶段的专业课程学习、课程设计、毕业设计和其他实践环节的学习内容，并通过安排学生参与企业技术创新和工程开发，促进学生工程实践能力的提高。

三、工程实践能力需求下工程制图教学的思考

工程制图教学是工程实践能力培养的最重要载体。工程制图课程教学就是通过传授制图基础理论知识、训练制图技能、培养制图基本能力教给学生科学的

思维方法。这能够提高学生空间想象力，塑造学生适用于工程实践所需的个人品质。

在工程制图教学实施中，教学方法应不断更新。多年来工程教育强理论轻实践，将工程实践问题过于理论化与学术化，工程教育与工程实际需要乃至现实需要脱节的状况，导致所培养的工科学生实践能力缺失。

工程实践训练是促进学生理论联系实际，学以致用提高全面素质的重要环节。如果在教学中，只有理论知识的传授而缺乏实际动手能力的培养训练，学生的基本工程意识与设计能力是不可能培养出来的，尤其是工程素质培养也必将落空。在工程制图教学中，要增加和加强实践性教学环节，开设零部件测绘教学，积极开展多方面的实践环节教学，给学生营造出实际的工程环境。这不仅能提高学生的学习积极性，也能使学生在崇尚工程素质的环境下，自我完善和提高。

网络信息化的迅猛发展对工程技术人员和未来的工程师提出了更多新的要求。与这些要求和变化相对照，现有的工程制图课程的教学内容也存在着许多不适应，主要表现在工程制图的教学存在着一定的滞后。随着计算机辅助设计与制造技术在企业的普及，应及时修订教学内容，使学生及时了解新技术掌握新技术，成为适应经济发展的应用型人才。

在教学方法上改变传统的以课堂教学为主的"满堂灌"的教学方法，可以采用启发式讨论式的教学方法。学生是学习的主体，教师是学习的客体，要给学生留下足够的时间去思考问题。这样不仅可以充分发挥学生学习的积极性、主动性和创造性，还可以活跃课堂气氛。在教学手段上可以采用实物模型投影等手段，特别是采用多媒体教学手段，采用辅助教学课件加强三维图形及其动画效果，加大课堂教学信息量。

考试是对学生所学课程知识、技能知识和创新思维的检测，也是评定教师教学质量的重要手段。学生掌握了知识但不会应用知识解决实际问题，知识的价值就要大打折扣。目前的考试方法仍然采用过去试卷考试的单一形式，成绩结构也单一，学习成绩大都一锤定音，只能简单反映学生对所学知识的掌握程度，不能反映学生解决问题的能力和创新思维的能力。浙江工商大学食品与生物工程学院工程教学中心已经通过开设工程实训课程并采用灵活的考试方式，促进学生工程实践能力的提升。通过两届学生的教学，结果证明成效显著。

参考文献

[1]邓庆阳.应用型工程本科人才培养目标及定位研究[J].山西高等学校社会科学学报,2004,12：99—100.

[2]杨燕舞,周同岭.论我国工科院校学生的工程素质培养[J].实验技术与管理,2008,4：132—134.

[3]鞠平,任立良,阮怀宁,等.构建高素质创新人才培养体系的思考与实践[J].中国大学教学,2004,4：34—35.

[4]陆国栋,谭建荣,张树有,等.工程图学课程体系改革研究与初步实践[J].工程图学学报,1999,20(4):92—97.

[5]孙根正,肖银玲,董国耀.高等学校图学教育现状与分析[J].工程图学学报,2000,21(4):129—134.

（吕述纲,浙江工商大学食品与生物工程学院讲师）

面向应用型人才培养的开放式创新性实验教学模式探讨

陈　杰

一、引言

实验教学是高等教育的重要环节，尤其是应用性较强的食品学科。社会需求的不断变化，对创新人才培养提出了新要求、新挑战。因此，高校对传统实验教学模式也在不断进行探索改革以适应新形势的发展。多年来，国内很多大学（浙江大学、中山大学、中国药科大学等）一直把注重学生创新能力培养的核心问题贯穿到整个实验教学过程中，坚持开放式研究性实验教学，并且取得了较好的效果，这值得我们学习和借鉴。

二、开放式创新性实验教学的内涵

开放式创新性实验教学，可以理解为以学生为本的教学活动，通过开放教学内容、教学环境和教学资源，实现学生实践能力和创新精神的增强。在这种教学模式下，不同层次的学生可以根据实验教学目的和自己的兴趣爱好，自主选择实验内容、实验时间和实验地点等，真正做到自学、自教和自做。教学内容的多样化，有助于引起学生兴趣，培养学生实践能力，激发其主动性和创造性的发挥。实验教学模式的灵活性，有助于满足学生的个性化需求，利于培养出创新性人才。

三、开放式创新性实验教学的必要性

目前高校的实验教学长期以来受到实验条件的限制和对实验认知的偏差，实验室开放程度不高，实验内容多以验证性实验为主，综合性、设计性实验相对较少，实验层次不高。实验教学过程中提供固定的实验室与设备，学生在规定时间内做完实验，相关的问题与信息可以便捷地从教材或教师那里获得。这种刻板的实验教学模式抑制了学生的实际动手能力和开创性思维的提高，影响了学生对实验的积极性和主动性。同时，仪器设备资源的闲置也不利于实验室的建设与发展。因此，要打破传统的、封闭的实验教学模式，努力践行以学生为本的开放式创新性实验教学，并将其作为高校教学改革的重要方向和建设内容。

四、面向创新人才培养的开放式实验教学模式

1. 系统构建开放式创新性实验教学体系

开放式创新性实验教学体系，是高等院校本科教学体系的重要组成部分，是高等教育教学改革的重要内容之一，有助于更大限度地挖掘学生知识潜能，有利于学生创造性思维的开发和创新性技能的培养。我们以创新性应用人才培养为目标，根据"知识、技能和创新"统筹兼顾的原则，在继承传统实验教学的基础上创新，确立以食品工艺学课程实验为重点，以大学生创新项目、校"希望杯"学术竞赛、国家、省级"挑战杯"创业计划、省科技厅新苗计划等"第二课堂"课外学术活动为辅助，把创新性开放式实验教学贯穿到本科阶段整个学习过程的实践教学体系中。

近年来，食品与生物工程学院的学生在课程教学实验的启发下，跟随教授的研究课题或自主设计研发了众多产品。如即食蒸煮香肠(2008)、牛奶酒、复合怪味肉酱包(2009)、休闲方便米棒、小白杏汁饮料、嫩化型鸵鸟肉干、果味酸豆乳、玉米汁饮料(2010)，有些产品已在合作食品企业生产并面市。方磊等同学的作品《调配型果汁豆乳饮料的研制》荣获校第九届"希望杯"学生课外学术科技作品竞赛三等奖(2009)。高央云等同学的作品《重组鸵鸟肉干加工技术的研究》和刘婷等同学的作品《玉米苹果汁复合饮料》荣获校第十届"希望杯"学生课外学术科技作品竞赛三等奖(2011)。苏程程等同学的《"婀豆儿"豆乳茶的研制与销售》荣获校第七届"希望杯"学生创业计划竞赛二等奖(2010)。另外，在其他的创意、创业大赛中也获得不少成绩，2010 盼盼食品杯高校烘焙食品创意大赛三等奖 1 项

(“家乡面包脆”,王晓微、孙屹),优秀奖2项,入围奖3项。2011年,由中国食品科学技术学会、美国加州杏仁商会主办的2011美国大杏仁学生创新大赛在上海落下帷幕。我院学生叶笑、钟秀瑜、王特樟、郭静璇、黄素雅和徐薇薇组成的参赛团队,凭着自主研发的创意零食“那条”杏仁牛肉棒,在800多份创意产品中脱颖而出,获得大赛产品创新类第四名,同时获得“最佳职场达人型”健康零食单项奖。美国大杏仁学生创新大赛已在中国连续举办七届,已成为中国食品科技院校广泛欢迎并受到食品行业认可的一项赛事。

2.深入改革与优化开放式创新性实验教学内容

近10年来,高校实验教学发生着巨大的变化。实验项目类型五花八门、琳琅满目,综合起来大概有验证性、演示性、感知性、虚拟性、创造性、自主性、工程性、提高性、综合性、实践性、设计性、研究性、个性化13类。种类为何如此繁多?究其原因,人们对实验项目的理解存在较大的分歧,因此有必要对实验项目加以规范与统一。教育部2004年针对普通高校本科教学评估标准提出了“综合性、设计性”两个概念,并对综合性、设计性实验课程的数量作了量的规定和要求,总数在80%以上的为A级标准。随后在2005年高校实验教学示范建设的评审指标中提出“建立以能力培养为核心,分层次的实验教学体系,涵盖基本型、综合设计型、研究创新型实验”。

就我们而言,需要构建以能力培养为主线、自主开放为模式的实践教学内容体系,形成以学生为中心、以实践能力和创新能力为本位的教学模式,充分发挥学生自主学习的积极性,全面提高学生的素质和能力。现代食品制造和加工技术给食品工程类课程教学提出了新的更高的要求,其课程教学具有明显的学科综合性和技术复杂性,其实验具有很强的技术挑战性和实用性,容易激发学生的学习兴趣。我们开设的本科教学实验课程为“食品工艺学实验”,将实验项目划分为基础型、综合型和开放型实验三个层次,按照目前的软、硬件条件可以开出33个实验项目,其中以验证性和演示性为主的基础型实验每个学生选做6个,综合设计性实验每个学生选做2个,以探究创新性为主的开放式实验每个学生选做1个。

在实验教学的实施过程中,第一层次安排基础型实验,加深学生对食品工艺学基本知识的感性认识与了解,这有助于提高学生的实践动手能力,内容包括面包制作、蛋糕制作、酸奶制作、烟熏香肠制作、果汁饮料制作、干菜扣肉软罐头制作等。第二层次是综合型实验,这些实验内容丰富、新颖,多学科性,如大豆的综合利用，我们将大豆浸泡磨成豆浆后，通过添加不同辅料或调配不同口味开发花色豆乳系列产品，此外，可以将豆浆浓缩后喷雾干燥制作豆粉，或将豆浆发酵制作酸豆乳，然后凝冻老化制作酸豆乳冰淇淋，磨浆后剩余的豆渣可以用来提取大豆多糖和膳食纤维。实验项目涵盖了食品工艺学、化工原理、微生物学、食品原料学、食品化学等课程的内容，这要求学生能够综合运用所学的相关知识，合理选择仪器设备并正确操作。第三层次是开放型实验，该类实验具有一定的探索性、创新性和研究性。选题更开放，可以是老师的科研项目转化，也可以对感兴趣的课题自行设计，也可以对现有的基础实验进行改造。时间、空间更开放，只要向实验室、设备负责老师预约，任何时间都可以对学生开放，包括节假日或寒暑假。参与人数更灵活，可以是一个同学独立承担，也可以是几个同学组队，分工明确、团结协作。

3.依托学科优势加强校内实践基地的建设与运行

近年来，我院工程教研室与食品科学工程系陆续受到省重中之重学科建设、中央与省财政专项实验室建设（现代食品制造与食物资源开发实验室、农产品加工实验室、食品工程中心、农产品功能中心）以及校内专项建设（食品工艺学实验室、仿真实验室）、食品工程省级实验教学示范中心建设等项目的资助，逐步构建了微型化、系统化和多样化工厂流水生产线，如小型肉制品加工、水产食品加工、果汁及乳饮料加工、焙烤食品加工、发酵食品加工等生产线；并初步建成了一体化、综合性和设计性实训教学平台，如工程实训中心、仿真教学平台，为校内实践基地的建设提供了有力的硬件支撑。使学生不出校门就可以在一个仿真或微型的模拟环境中，开展实践教学活动，有助于学生工程意识和创新能力的培养，同时又能与工厂实践相结合，从而缓解在校生进工厂参观或实习难的困境。在模拟工作现场，引导学生参与教学内容的设计，在实习中注重体现学生的学习主体性，加强学生的创新设计能力训练，并充分发挥校内实践教学基地的教学内容、教学方式、教学手段等方面的优势，切实加强校内实践基地的建设与运行。

五、结语

通过开放式创新性实验教学的实施，学生不再是简单地、被动地做验证性实验，而是独立思考、自主设计。这能够更好地激发他们对专业实验的兴趣和积极性，为他们发挥聪明才智和发展个性提供了条件，同时可以提高实验室各类资源的使用率。随着高校实验教学模式改革的不断深入，实行实验室开放是实验教学发展的必然趋势，是学生自主学习能力、创新意识和创新能力培养的必然要求。

参考文献

[1]王国强，吴敏，陆庆，等. 研究型大学实验教学创新平台的构建[J]. 实验室研究与探索，2007，26(8)：65－68.

[2]何炎明，王宏斌，戚康标，等. 以创新能力培养为核心实施开放式研究性实验教学[J]. 实验室研究与探索，2009，28(6)：201－203.

[3]林生，狄斌，尤启冬，等. 国家级药学实验教学示范中心创新性实验教学平台研究[J]. 药学研究，2009，25(5)：5－8.

[4]郑家茂，熊宏齐，等. 开放创新——实验教学新模式[M]. 北京：高等教育出版社，2009.

（作者为浙江工商大学食品与生物工程学院讲师）

浅论"好用"和"耐用"大学生的培养

惠国华

一、走过200年历史的法国工程师教育体系

为了克服传统国立大学培养的学生理论脱离实践的弊端，拿破仑创立了法国工程师教育制度。该教育制度历经200多年的风雨，目前在世界上可谓独树一帜。法国社会对工程师证书有一种近乎崇拜的认同感，工程师学院的毕业生有很高的就业率和社会地位。该体系已经培养出了密特朗、希拉克和若斯潘等杰出的国家领导人和多名诺贝尔奖获得者。据经济学家的统计，法国二百强企业中60%的总裁和大部分高级管理人员来自于法国精英学院。该体系有以下几个特点：

1. 规模小、专业少、专业化程度高

教学环境与工业界实际技术环境接近甚至同一，所以几百年的老校只有几百名学生很常见。这个系统非常接近中国的研究生院，但不是搞基础科学研究，而是参与企业工业项目的研究工作。

2. 法国工程师教育学制5年，等同于西方国家(美国、英国、加拿大)的硕士学位，毕业可获得法国工程师证书和法国工学硕士学位

法国工程师教育分两个阶段。

第一阶段是工程师预科阶段，为期二年，接收高中毕业生，属于无专业的基

础课阶段，以大学基础知识教育为主。

第二阶段为三期三年，属于有专业阶段，专业自选。这一阶段只接收大学二年级以上的学生和工程师预科班的学生，通过严格的笔试、面试和科技答辩来选拔，科技答辩课题由学生自选。第二阶段的第一年和第二年要求学生到企业实习3到4个月，第三年要求实习半年，技术性极强，以便学生毕业后能够立刻负担起工程师的责任。

3.注重教学与实际两结合

这一点主要通过以下六个方面来加以说明：

(1)与企业共同制定课程，教学内容根据企业的需要不断地调整，所以法国工程师教育没有指定教材和课本，只有老师的讲义，学生需要有非常好的记笔记的能力；

(2)相当一部分教师是聘用的经验丰富的企业工程师；

(3)学校里设有与专业相应的两间工作车间及实验室，学生可以自己设计、制作产品；

(4)让学生进行课题研究，研究题目都来自实际问题。由于规模小学生少，这些事做起来相对容易；

(5)越来越多的工程师学院都办有与自己专业相关的下属企业，企业技术人员参与教学，学生通过实习参与企业管理及生产；

(6)企业实习：一年级结束时两个月的实习要求学生作为普通工人出现在工厂，二年级结束时两个月的实习学生是技术员，三年级结束时六个月的实习学生就以工程师身份工作。

刚出校的工程师一年工资在3.5万欧元左右，而作为博士的年轻大学讲师一年工资低于2万欧元，经济管理硕士在私营企业里的起始工资约2.5万欧元。

二、我国目前大学生培养面临的问题

1.大学教育的普及化和全民化及其影响

为适应高等教育国际化发展要求，教育部自1999年起开始扩大高校招生规模。据《人民日报》报道，到2005年底，我国高校在校生超过2300万人，毛入学率达到21%，标志着我国的高等教育已经进入大众化教育阶段。另有统计数据表明，2003年北京和上海的高等教育毛入学率分别达到52%和53%，进入高等教育普及化阶段。2005年,天津市高等教育毛入学率超过55%,成为继上海、北京之后第三个进入高等教育普及化阶段的城市。这表明中国高等教育大众化不断深化的同时,发达省市的高等教育普及化已成为必然。

教育的普及化有助于提高民族的教育素质,但大学毕业生的骤然增多也造成了巨大的就业压力,就业难已成为当前教育界以及全社会共同面临的重要问题。

2. 目前中国工程类教育的不足以及面对的挑战

《2009年度中国科技统计年度报告》指出:科技人力资源总量达到4600万人,其中大学本科及以上学历的人数约为2000万,这部分已经赶上并超过美国。我国已经拥有人数众多的工程师人才基数,但质量总体上还存在较大问题,突出表现在:总体分布不均,机械、土建等传统工程专业培养规模很大,新兴高技术产业的工程师严重不足;工程师个体知识结构单一,缺乏与企业沟通互动,综合素质、人文精神欠缺。现行的工程师培养及认证制度已经明显不能满足我国经济、工业化及国际化发展的需要。

(1)缺乏系统完整的工程教育。我国目前的工程教育以传授传统知识为主,缺乏实际工程训练,没有形成层次分明、完整全面的工程教育体制。

(2)缺乏统一权威的认证机构。我国工程师种类繁多,认证机构杂,主管部门多,没有权威的认证机构,工程师水平良莠不齐,缺乏统一的认证标准。

(3)国际化水平低。工程教育国际化水平低,且没有统一的工程师标准,难以与国际公认的工程师标准接轨。

(4)企业参与度低。企业参与人才培养的积极性低,效果差,缺少国家政策支持。学生学习与实践脱节,创新能力、实践能力等受限。推行工程师学历教育能够很好地解决这些问题,从而迅速提高我国工程人才培养质量,增强我国的核心竞争力。

3. 一个国家和一个民族可持续发展的需求是什么

我们清楚法国现代工业技术走在世界的前沿,其核工业、能源技术、航空航天技术、运输物流、石油化工、电子通信等领域在全球有举足轻重的位置。法国76%的电力来自核电,主要由法国电力公司(EDF)负责运营;法国高铁(TGV)的列车创造了时速500多公里的记录;军用航空器、民用飞机空中客车、航天飞行器(阿里亚娜火箭)等技术均十分先进,这些成就的取得得益于工程师学校培养的数万名优秀工程师。

我国目前正处于一个关键时期，国家在改革开放以来取得巨大成功的基础上，如何保持有效的可持续发展？这个问题已经在拷问每一个中国人，也是实现中华民族伟大历史复兴的关键。在改革开放初期，我们试图以市场换取技术，但这条路走下来，我们发现，市场交出去了但得到的只是可怜的过时技术。自主培养工程技术人才是实现我国可持续发展的必由之路，是真正奠定技术创新和发展的基础。

三、我们需要高素质的“好用”和“耐用”大学生

1. 什么是“好用”，什么是“耐用”

“好用”和“耐用”这两个词是笔者在欧洲工作期间，经常与法国友人谈论的内容。说得简单一些，“好用”就是学生具有较强的实际动手能力和解决实际问题的能力，毕业后走到工作岗位上手快、适应性强；“耐用”是指毕业生在工作若干年以后，后劲足而且潜力不断增大，这是一种毕业后自我更新和充电的能力，也是社会所需要的。笔者在法国国家科学研究中心(CNRS)工作时结识了一位法国朋友，他在法国南特工程师学院(EMN)毕业获取工程师资格后，在全球第一钢铁企业安赛乐·米塔尔(Arcelor Mittal)工作，在研发中心因为工作能力特别突出，很快就当了技术研发主管，并且在公司的培养下获得了材料科学的工学博士学位。

2. “好用”和“耐用”人才的培养

针对我国目前人才培养机制的主要问题，2010 年 6 月 23 日，教育部在天津召开“卓越工程师教育培养计划”启动会。该计划目标是：面向工业界、面向世界、面向未来，培养造就一大批创新能力强、适应经济社会发展需要的高质量各类型工程技术人才，为建设创新型国家、实现工业化和现代化奠定坚实的人力资源优势，增强我国的核心竞争力和综合国力。以实施“卓越计划”为突破口，促进工程教育改革和创新，全面提高我国工程教育人才培养质量，努力建设具有世界先进水平、中国特色社会主义的现代高等工程教育体系，促进我国从工程教育大国走向工程教育强国。“卓越工程师教育培养计划”实施期限为 2010—2020 年，参与计划的全日制工科本科生要达到 10％的比例，全日制工科研究生要达到 50％的比例。

2010 年首批试点学校名单中，浙江省有 4 所高校跻身其中：浙江大学、浙江工业大学、浙江科技学院和宁波工程学院。2011 年新申报的高校有杭州电子科技大学、中国计量学院、浙江理工大学、温州大学、衢州学院 5 所学校。在工程技术专门人才培养机制探讨上，我们可以从以下几个方面进行探讨：

(1)结合教育部"卓越工程师教育培养计划"，结合我校校情，积极参与到该计划中去，依托国家工程师领域培养的平台，进一步明确面临的挑战和机遇，实现我校卓越工程师培养的实质性突破。这不但有利于提高我校的知名度，保证"晋升百强"战略的顺利实施，而且对于我校毕业生就业竞争力的提高具有重大意义。

(2)注重实践教学环节，切实提升学生的工程能力。实践性教学是未来高校教学模式的发展方向和趋势，是高校教学质量提升的必然要求，是提升大学生就业能力和综合素质的有效途径。建立多元化的实践教学模式就是根据专业的功能和层次，建立多种功能互补的实践教学模式。这需要学校加快实验室和实践基地的建设以及校外的实践场所的联系，加强学生实际动手能力、创新能力和探究学习能力的培养，为学生搭建实践教学平台，有效地提高人才培养质量。在法国工程师培养环节中，与企业紧密结合的工程实践环节乃是关键环节，三年中有一半以上的实践学习时间。合作企业在这个互动过程中切实感觉到是为自己选拔和培养未来员工，企业在人才培养环节中的意见和反馈应该得到尊重。因此，大学与大企业之间的战略联盟、企业——高校奖学金激励制度、固定的实习基地、聘请企业人员作为导师等都是不可缺的。

(3)课程的设置和选择体现实践性。课程是教学活动的重要载体，课程设置要做到基础课程、经典课程与社会需要的课程有机结合起来，发挥课程的价值和作用。基础课程和经典课程要在低年级开设，发挥学生积极性和主动性，逐渐培养学生的创造力。比如数学和物理是工科类学生必修的基础课，学校可以引导学生尽早地接触科学研究，建立"创新实践基地"，不断引导学生参加创新实践活动。而经典课程和社会需要的课程则可以由担当专业导师的行业精英和杰出校友进行讲授，这样的言传身教能切实让学生感受到什么是社会需要的。

(4)建立健全大学生社会实践的考核评价体系。建立大学生社会实践评价指标体系，既是大学生社会实践的动力来源，也是对大学生社会实践活动的总结。学校可以根据目前实行的学分制，对专业劳动、社会实践、毕业论文等实践环节进行考核，规定明确的教学要求和考核办法，并让每个学生积极参与进来，真正变被动为主动，从而保证社会实践的质量。此外，社会实践的制定和考核要以科学的方法,多听取教师和同学甚至是用人单位的意见和建议,科学收集数据和分析数据,做出科学的决策,并根据形势的不断变化而发展。

(5)充分发挥学生社团的积极作用,使其成为提高学生实践能力的大舞台。改变现有的死板教条体制和模式,倡导实践和探究活动的发展,充分调动学生的积极性和主动性,使“能者上,庸者下”,各部门各尽其职,真正办出特色,让学生真正受益。

综上所述,未来中国的可持续发展必然需要大量的“好用”和“耐用”人才,如何培养该类人才是高等学校必须面对的问题。法国工程师教育给了我们一个典型的范例,借鉴法国的工程师理念,在教育中引入企业联合办学、企业科技导师、行业精英授课,为工科学生实践教学引入新的活力,才能成功培养出“好用”和“耐用”人才,大大提高我国工程师教育的水平和创新能力,也是增强我校招生吸引力,提高毕业生就业质量的重中之重。

(作者为浙江工商大学食品与生物工程学院副教授,博士)

浅析本科生有机化学教学改革

任格瑞

有机化学是高等学校理工科的一门重要基础课。它不仅仅是化学、应用化学、化工专业的主要课程,还是药学、医学、生物学、食品学、材料学以及环境科学等专业开设的一门重要基础课程。随着现代科技的迅速发展,有机化学的教学内容在不断增加,而教学课时却有逐渐压缩的趋势,教学"内容多、学时少"成了教学工作中较为突出的矛盾。学生在学习过程中普遍反映该课程内容繁杂,难以完全掌握。以我们学校为例,应用化学专业的有机化学为 96 学时,环境科学和环境工程专业地为 48 学时。而纵观全国各大高校,普通化学专业有机化学授课时间一般不少于 120 学时,其他专业的有机化学课程通常为 72 学时、54 学时不等。有机化学学时少直接影响到学生对该知识的掌握程度,造成学生对有机化学的知识掌握肤浅,很难真正体会有机化学的本质,同时也影响了后续其他相关课程的学习,打击了学生学习积极性。因此,如何在有限的教学学时内,让学生迅速掌握必备的知识,是提高教学质量和教学效果的关键。笔者结合有机化学课程教学的实践,从以下几个方面谈一谈自己的做法与体会:

一、切实发挥教师在教学中的主导作用

著名心理学家皮亚杰主张:"教育的首要目的在于造就有所创新、有所发明和发现的人,而不是简单重复前人做过的事情。"我国 21 世纪教育改革的重要使命就是实施创新教育,培养创新人才。因此,这就要求教师要以现代教育思想为指导,把单纯培养知识技术型人才观念转变为培养创新型人才观念,把"维持性

学习”的陈旧教学观转变为“创造力为本”的创新教育观。同时，教师本人要成为创造型的教师。在教学上，注重教育艺术，善于吸收最新教育科学成果，并将其科研成果积极地运用到教学过程当中；在课堂上，具有丰富的想象力和独创的见解，激发学生的好奇心和学习的兴趣，变换各种教学手段，发现行之有效的教学方法，鼓励学生参与课堂教学，相互交流，使课堂总是充满探索、创新的氛围，引导学生思考并提出自己独到的见解。教师的人格感染力是任何其他教学手段所无法替代的，对学生的教育起着潜移默化的作用。总之，要切实发挥教师在教学中的主导作用。

二、合理安排教学内容

有机化学主要分为三大部分。第一部分为有机化学基础知识和基本理论，包括有机化合物分子结构基础、反应机理、立体化学等。第二部分为有机化合物的性质和反应，集中对有机化学反应进行分类讲述。要求学生能够运用有机化学基本原理去认识化学反应的规律，认识和掌握有机化合物的各类反应及应用。第三部分为生物有机化合物，包括碳水化合物、氨基酸、多肽、蛋白质、核酸等。要求学生掌握主要生物有机化合物的结构和性质，并且对生物转化建立起基本认识。根据有机化学的主要内容和课程特点，结合所教专业对有机化学的要求，教师应做到“精简内容，把握重点，强调相关”。

在把握主线的基础上，通过归纳总结，找出有机化学的相互联系。如将有机化学的内容简要地概括为：1 个理论（电子理论）、2 个效应（诱导效应、共轭效应）、2 套试剂（亲电和亲核试剂）、6 大反应（游离基取代、游离基加成、亲电取代、亲电加成、亲核取代和亲核加成）、4 种重要反应试剂（格氏试剂、烷基铜锂试剂、“三乙”试剂、重氮盐试剂）和 2 个难点（反应历程、分子重排）等。在横向表述时，采用“以点带面、精讲多练、复习巩固”的原则。如讲解 2 个效应时，应着重于解决有机化学的基本理论问题，使学生通过对该理论的学习与应用，提高其分析问题和解决问题的能力，并顺利地解释问题的缘由。在教学中，多举一些实际的例子，通过例子让学生做到举一反三。比如在讲羧酸的结构对羧酸的影响时，让学生比较丁酸、2－氯丁酸、3－丁酸、4－氯丁酸的酸性，来说明氯原子的吸电子诱导效应，并且说明诱导效应的强度是随碳链依次递减的。在讲到这里时还可以让学生复习巩固一下苯酚结构对苯酚酸性的影响等。

“稳定性原理”贯穿于各章的讲授中。中间体自由基、碳正离子、碳负离子的稳定性是 6 大反应的反应动力，这一原理奠定了有机化学许多理论的基础。比如在"烷烃"中,烷烃的构象,在 Newman 投影式中,对位交叉式的能量最低、最稳定;"环烃"中,取代环己烷的稳定构象,取代基中大基团占据 e 键;还有烯醇式和酮式的互变异构,等等。有机化合物的存在方式都体现了稳定性原理。对于众多的有机化学反应,内在决定因素是有机物的结构,也就是说,结构决定性质。因此,不管是自由基反应、离子型反应(亲核反应和亲电反应又可分为取代反应和加成反应),只要明白了机理就如同掌握了方法,面对不胜枚举又千变万化的有机化学反应,也就可以迎刃而解。例如烷烃的卤代,是一个自由基反应过程,由于自由基稳定性顺序是 $3^0>2^0>1^0$,所以烷烃卤代产物的含量关系也为 $3^0>2^0>1^0$;烯烃加成的著名的马氏规则的理论同样可用稳定性原理来解释,即烷基碳正离子的稳定性顺序是 $3^0>2^0>1^0$;对于重排反应,由于产物往往不符合规律,学生初次接触通常会觉得难以理解。其实,这其中的关键所在也就是中间体碳正离子的稳定性,反应过程中总是生成更稳定的中间体,如瓦格涅尔一麦尔外因(Wagner—Meerwein)重排(图 1)。该反应中仲碳正离子转变为更加稳定的叔碳正离子是反应发生的内在推动力,其本质仍然遵从的是"稳定性原理"。

$$(CH_3)_3C-\underset{}{\overset{OH}{\overset{|}{C}}}H-CH_3 \xrightarrow{H^+} (CH_3)_3C-\overset{\overset{+}{O}H_2}{\overset{|}{C}}H-CH_3 \longrightarrow (CH_3)_3-\overset{+}{C}H-CH_3$$

$$(CH_3)_2\underset{CH_3}{\underset{|}{C}}-\overset{+}{C}HCH_3 \longrightarrow (CH_3)_2\overset{+}{C}-\underset{CH_3}{\underset{|}{C}}HCH_3 \longrightarrow (CH_3)_2C=C(CH_3)_2$$

图 1 瓦格涅尔一麦尔外因(Wagner—Meerwein)重排

三、改变教学模式:多媒体技术与传统教学手段相结合

有机化合物分子往往结构复杂,异构现象非常普遍,如构造、构型、构象、对映异构等变化万千;原子与原子,原子与化学键,化学键与化学键之间,手性分子,分子更替对称轴等,空间立体感要求强。在传统的教学方法中,很难用语言或图形准确、完整、方便快捷地表现分子的立体结构。而多媒体技术完全可以以二维、三维表达方式演示分子任意的立体结构、分子结构模型,演示原子杂化、化学键的形成过程及空间关系,使学生一目了然,从而达到事半功倍的作用。例如在给学生讲解手性的时候,先让学生看下面的图 2,"首先来看两个人物的头像,它们是实物与镜像的关系,它们不能重叠;而右边的一幅图是我们的一只左手和一只右手,同学们,抬起你们的左手和右手,它们是不是很像照镜子一样。这种

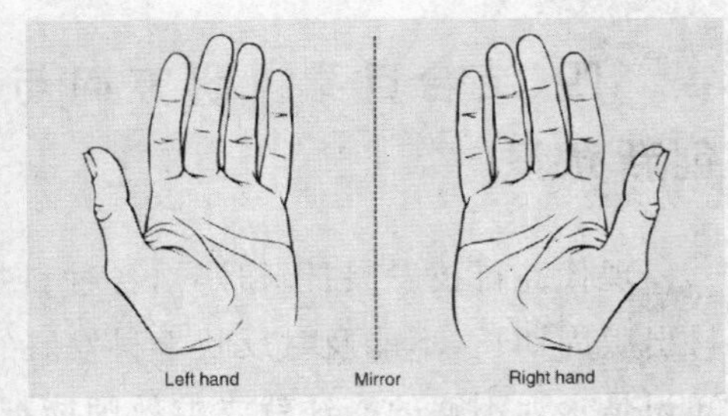

图 2　实物和镜像的关系

现象就是下面我们要讲到的手性,手性就是化学分子的实物与其镜像不能重叠的现象”。这样就使学生生动、形象地了解到“手性”这个概念,并且增强了感官效应,增加了教学内容的吸引力,使学生对学习本身产生浓厚的兴趣,形成强大的学习动力。在判断手性化合物 R/S 构型时,通过图 3 直观地让学生了解到分子的立体结构,增强了空间立体感,启发学生自己去观察、去思考,激发他们的求知欲,调动学生的主动性和积极性,促进学生对知识的理解和掌握,发挥学生的主体作用,提高了学习效率。

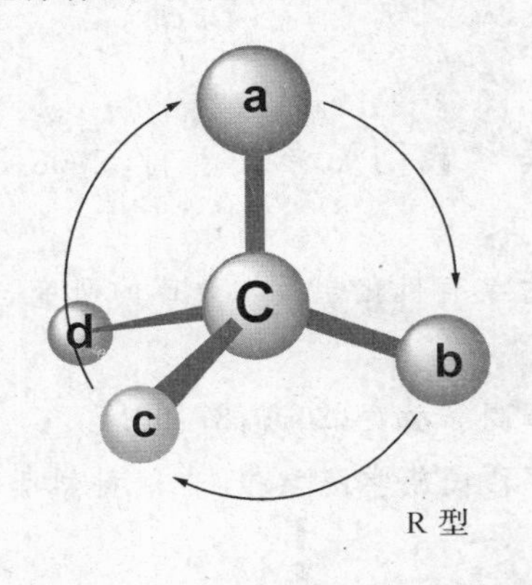

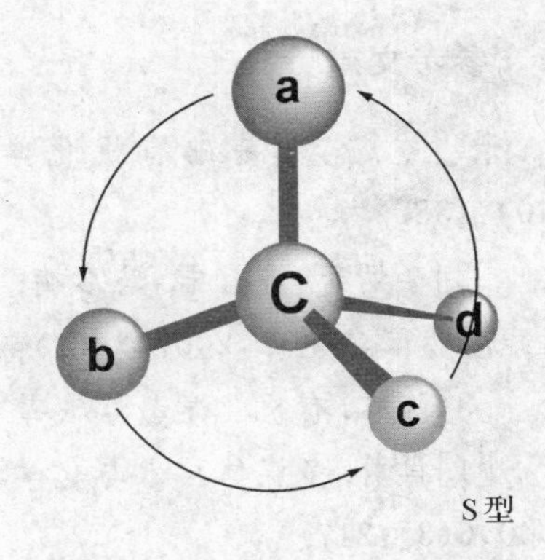

图 3　手性化合物 R/S 构型(a>b>c>d)

多媒体教学手段与传统教学手段各有特点,不能完全相互替代,只能相辅相成。在传统教学手段中,教师的口头语言、体态语言与学生间的相互交流,信息瞬间的交换,教师所表达的思想、情感、激情甚至是一个幽默的小插曲,对于多媒体来说即使技术再先进也是不可能替代的,那种效果也是难以达到的。多媒体课件仅仅只是辅助性的工具,不能用教学光盘、教学课件代替教材,用计算机代替教师。只有将两者有机地结合起来,发挥各自的优势,取长补短,使两种手段在使用中恰到好处,才能使有机化学教学课堂更加丰富多彩,充满活力。

四、结合自身科研方向与本学科发展前沿，培养学生的创新意识

现代高科技发展日新月异，各种科技成果相互交叉、渗透、依赖。而现有教材出版周期长，不能及时反映学科发展的最新成果，教师的传授光靠现有的课本知识是永远不够的。这就要求教师能把自己的科研方向与成果，或自己所掌握的最新研究动向适时向学生加以介绍，扩大学生的知识面，培养学生的创新意识。

五、结语

对有机化学教学的体会，总结起来有以上四个方面。教无止境，教无定法，教有优法。寻求更合理合适的教学内容和方法，使学生不再对有机化学产生畏惧心理，在愉快生动的教学过程中掌握知识，提高能力，还需在今后的教学研究中不断探索、总结。

参考文献

[1]施鹏飞.基础有机化学教学的方法与实践[J].考试周刊，2008，2(40)：138.

[2]李炳奇，廉宜君，马彦梅.多学科综合性大学有机化学教学改革的研究与实践[J].广东化工，2007，34(1)：95.

[3]陈睿.有机化学教学改革的探讨[J].化工高等教育，2006，87：98.

[4]肖蔚.多媒体技术与化学教学改革[J].广西民族学院学报：自然科学版，2000，6(3)：217.

（作者为浙江工商大学食品与生物工程学院讲师，博士）

生物信息学的教材与教学方法优化

李余动

生物信息学是生命科学中的重要基础学科之一，是研究生物功能信息的贮存、传递与实验规律的一个生物科学分支，其研究的核心问题是对生物数据的获取、加工、储存、分析，并综合运用数学、计算机科学等工具，以达到理解数据中的生物学意义。21 世纪是生命科学蓬勃发展的新世纪，随着“人类基因组计划”的完成和深入，生物信息学已成为 21 世纪生命科学领域发展最为迅速的学科之一，是当代生命科学的核心和前沿之一，它的分支几乎扩展到生物学的各个研究领域。由于人类基因组计划在内的多种生物基因组计划的实施和完成以及后基因组计划的开展，给生物信息学的发展带来了新的契机和挑战，以致 Leland Hartwell 等(2000)将生物信息学定义为 Bioinformatics：The study of biological information。显然，生命科学的迅猛发展，需要采用新的理论和新的方法对生命现象进行解释和研究。生物信息学课程是生命科学学院以及相关学院本科生的基础课。多年来，为了教好生物信息学，提高教学质量，我们对生物信息学教学改革与实践进行了大胆地探索，在生物信息学理论课和实验课的教学内容和方法上不断创新、努力实践。形势的发展迫切需要我们对生物信息学课程的教学体系进行科学化建设，对生物信息学教学内容和教学平台进行必要的更新和重建。

首先，我们要对目前国内外生物信息学教学的现状与趋势有一个基本的了解，其主要表现在以下几个方面。

一、生物信息学教学系统化

由于生物信息学研究已经从基因到基因组与后基因组时代，生物信息学的研究内容更广泛，研究技术手段更先进，因此其教学更系统化：具有一套教学用的授课课本教材、实验教材和相应的习题及其解答，同时配有彩色图片和动画等，其中以生物信息学教材最重要。国内外著名校院都在进行这方面的尝试，例如美国 Cold spring harbor labortory 编的生物信息学教材 *Bioinformatics—Sequences and Genome Analysis* 配有习题及其解答还带有光盘；东南大学孙啸教授主编的《生物信息学基础》教材，也采取了这种方式。另一个显著的特点是综合性大学、农林院校、师范院校和医学院校等不同性质的大专院校，根据各自对人才培养要求和目标的不同，采用不同的生物信息学教材和教学体系。

二、生物信息学教材更新周期加快、质量提高

随着人类基因组计划在内的多种生物基因组计划的实施和完成以及后基因组计划的开展，生物信息学信息海量增加、知识爆炸，极大地促进了生物信息学的发展。其中非常显著的是使得生物信息学教材更新周期加快、质量提高。例如由 Westhead D R 和 Parish J H 编著的 *Bioinformatics*（*Third Edition*）在 2003 年由 John Wiley & Sons，Inc. 出版，而 2006 年则由该公司出版了第四版，更新速度为 3 年更新一次；而由 Benjamin Lewin 编著的经典教材《基因》系列从第 1 版 Genes(1984)到第 10 版 Genes X(2010)，平均更新周期为 2 年半左右，相对而言，国内生物信息学教材的更新速度和要慢得多。

三、生物信息学教材学科前沿内容增加多

例如由 Benjamin Lewin 编著的《基因》系列教材，每次新版内容都有更新，总是提供最前沿的研究内容。例如 Genes Ⅷ对 Genes Ⅶ版内容进行了全面的修订，加入了最新的人类基因组内容；Genes Ⅸ中通篇内容都有所更新，还新增加了《表观生物信息学效应》一章，紧跟分子生物信息学发展最前沿。从 Genes Ⅷ起提供了完备的网络资源（www. ergito. com——Includes a complete E－book with flash illustrations)，随时升级，保证紧贴发展前沿。

四、国内生物信息学教学精品课的建设，为我们搞好生物信息学的教学提供了示范和借鉴

2003—2007年度国家精品课程统计表明，获得国家精品课程的生物信息学课程共有7门。理学生物科学类：简明生物信息学（复旦大学钟扬，2004）、生物信息学基础（东南大学孙啸，2005）；基础医学类；农学植物生产类；生物信息学手册（浙江大学樊龙江，2010）。精品课程是具有一流教师队伍、一流教学内容、一流教学方法、一流教材、一流教学管理等特点的示范性课程，其中包括教学队伍建设、教学内容建设、教学方法和手段建设、教材建设、实验教学建设以及机制建设等。目前这些生物信息学的精品课程已经利用现代化的教育信息技术手段将其相关内容上网并免费开放，以实现优质教学资源共享，这对提高我国高校生物信息学教学质量和人才培养质量有着重要的意义。

考虑到我们国家综合性大学、农林院校、医学院校等几百所大学都要教授生物信息学，仅仅在上述几所学校建立生物信息学精品课程是远不够的，而且各个学校特点不同，经验不能照搬。基于以上几点，我们抓住生物信息学学科特点，在采用《生物信息学——基因和蛋白质分析的使用指南》(第二版)(李衍达，孙之荣等编，2000年)教材的基础上，科学构建生物信息学教学体系，同时不断充实和更新教学内容，改进和利用多功能教学手段，重视课堂教学与课余练习，调动教与学的积极性，培养学生对生物信息学的学习能力和分析问题的能力，建立一个适合我校乃至我国国情且与发达国家相比并不落后的生物信息学的教学平台，摸索出一套适合综合性大学生物信息学的科学教学体系。

针对浙江工商大学生物信息学教学体系和教学平台的系统改革和建设，我们拟做到以下几点：

(1)在教学过程中修改和完善本科生生物信息学课程教学大纲，依此作为教改的基础。

(2)在生物信息学教学体系的科学化建设中，要协调处理好与分子生物学、细胞生物学和生物化学等课程的衔接关系；在学科内协调好与基因组学、基因工程等课程的关系，避免内容重复，以便充分利用课时。

(3)制作课件辅助课堂教学。生物信息学国外原版教材内容丰富，信息量大，图表也十分多。在教学过程中要选择优秀的国外生物信息学教材作为参考，充分利用多媒体和互联网资源（通常国外原版教材配有相应的教学软件和网上

教学资源),帮助学生理解、拓展和深化课堂教学内容。

(4)进一步完善已建立的生物信息学教学网站,将有关生物信息学的新知识体系充实进去,将课件等教学资源上网,扩大生物信息学教学网站的辐射作用,方便校内外学生课外学习,扩大生物信息学教学网站的影响力。课后学生可使用教学网站或 E-mail 与老师进行交流。

要完成以上各项教改内容,首先,要重视教师自身的不断学习、知识理论的更新和教学科研业务水平的提高;第二,要更新教学思想观念,正如复旦大学乔守怡教授等提出的在教学中“以教师为主导,学生为主体”的教学思想,在教学中发挥教师在传播知识中的导向作用,努力在教学内容、教学方法、考试方式等诸多教学环节上进行改革。要发挥教师教课与学习新知识的积极性,学生学习的积极性和渴求知识的主动性。

如上所述,我们教师要做到认真汲取新知识,积极编写或参与编写本课程教材,认真备课,建立起一套从电子课件到生物信息学教学网站,从课堂教学到科研实践,从实验教学到业余科研,较为规范与系统的生物信息学教学方法与教学体系,为在现代生命科学发展的新时期生物信息学理论与实践相结合摸索出一套新的教学模式,全面提高生物信息学教学水平而努力。

参考文献

[1]Baxevanis A D,Ouellette B F. 生物信息学——基因和蛋白质分析的使用指南[M]. 李衍达,孙之荣,译. 北京:清华大学出版社,2002.

[2]郝柏林,张淑誉. 生物信息学手册:第 2 版[M]. 上海:上海科学技术出版社,2002.

[3]钟扬,张亮,赵琼. 简明生物信息学[M]. 北京:高等教育出版社,2001.

[4]张成岗,贺福初. 生物信息学方法与实践[M]. 北京:科学出版社,2002.

[5]Mount DW. 生物信息学[M]. 钟扬,王莉,张亮,译. 北京:高等教育出版社,2003.

[6]蒋彦,王小行,曹毅,等. 基础生物信息学及应用[M]. 北京:高等教育出版社,2003.

[7]孙啸,陆祖宏,谢建明. 生物信息学基础[M]. 北京:清华大学出版社,2005.

[8]Lewin B. *Genes*[M]. Ⅸ Sudbury:Jones and Bartlett Publishers,2007.

[9]王明怡,杨益,吴平. 生物信息学[M]. 北京:科学出版社,2005.

[10]Mount D W. *Bioinformatics－Sequences and Genome Analysis*[M]. 北京:科学出版社,2002.

[11]Westhead D R,Parish J H. *Twyman R M. Bioinformatics*[M]. 北京:科学出版社,2003.

(作者为浙江工商大学食品与生物工程学院讲师,博士)

食品工程专业“有机化学”课程教学探讨

蔡伟建

有机化学是高等院校食品工程专业的一门重要基础课，是食品工程专业学生知识链的重要组成部分。食品工程专业是我院的特色和优势专业，该专业是我院的立院之本。食品工程专业的许多专业课程如生物化学、食品化学、食品添加剂等都与有机化学的知识有着密切的联系。学习有机化学，可以使学生系统地掌握有机化学基础理论知识和基本技巧，培养学生分析问题、解决问题的能力，为更好地学习食品工程后续的专业课程打下牢固的基础。

有机化学与专业课相比，课程涉及反应方程式多，反应条件多，影响因素多，反应产物不多，理论性强，电子效应和共轭效应繁杂，反应机理抽象复杂，难记忆，学起来比较困难。一些学生在死记硬背的基础上发现仍然很难掌握。因此，如何在有限的学时内，让学生掌握基础知识，是提高教学质量和教学效果的关键。下面就如何提高教学质量和教学效果，谈谈自己的几点体会。

一、结合专业特点上好绪论课，树立学习兴趣

俗话说“万事开头难”，良好的开端是成功的一半。绪论课授课效果的好坏在整个教学过程中有着特殊的地位和重要意义，好的绪论课是今后正常教学的基础。上好绪论课可以激发学生对有机化学学习的兴趣。绪论课一般安排 3—4 节课完成，主要介绍该学科的教学目的、教学内容、教学时数、教学要求、教学重点、教学难点、发展前景，还要介绍授课的方法、计划，使学生对该课程体系与结构框架有一个大概了解，要让学生明白该以何种态度、采取哪些措施来学习。

如果学生对教师所讲授的课程产生了极大的兴趣，他就会力求认识这门课程，想要掌握这门课程的知识，有了这种欲望，那么他就会表现出学习这门课程的积极性和主动性，这样就初步培养起了学生学习该课程的兴趣。

另一方面，结合讲授的内容，加强课程与专业的紧密联系。将国内外生产、科研中的一些最新研究技术成果、学科的前沿知识和发展动态等信息适时地充实到教学内容中。同时鼓励学生关注社会热点问题，比如引起食品安全的瘦肉精、苏丹红、三聚氰胺、地沟油、增白剂、荔枝保鲜剂、蔬菜农药残留等问题，力争让学生了解前沿知识的动态。使他们认识到生活中充满化学，化学就在身边，增加其学习兴趣，发挥主观能动性，去主动地寻求知识。

二、注重交流沟通，搞好课堂教学

搞好课堂教学，是实现"教书育人"宗旨的重要途径，课堂教学是实现教学目的、完成教学任务的基本形式，是教师与学生"双边活动"和"双向交流"的主要场所。课堂教学采用启发式、研究式、引导式、讨论式、互动交流式、综合目标式等多种灵活教学方式，坚持理论联系实际，精讲多练。既注重面向全体学生，又注重学生个性发展。在教学实践中，采用多元化教学方法即根据不同教学内容，设计不同的教学方法，取得了较好的教学效果。例如在反应机理的教学过程中，学生普遍存在的问题是：一听就懂，做题就错。因此采用互动交流式教学方法，针对机理每一步过程，设计一些问题，启发学生积极思考，然后通过师生共同讨论将问题一一解决，达到知识学习和积累的目的。这种教学方法有利于培养学生发现问题、解决问题的能力。这样可以激发学生的好奇心，从而加强学生学习积极性和主动性。

另外，将食品专业中涉及的有机化合物的内容及结构穿插进来，引起学生的兴趣和思考。

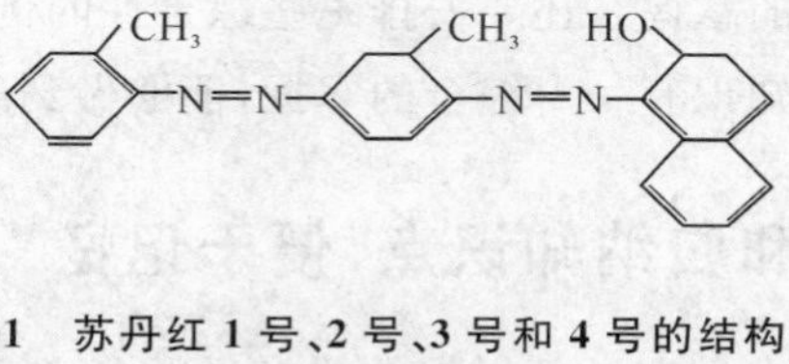

图1　苏丹红1号、2号、3号和4号的结构式

例如在教学中讲授偶氮化合物时适当地提出苏丹红事件及分析苏丹红可能造成的危害，让学生充分了解非法添加剂的危害，引起他们的学习兴趣。

在有机化学课堂教学中，注重融合式和案例式教学方法，将专业知识和有机化学基础知识进行融合，将实际分析技术案例搬到课堂上，采用学生分析讨论的方法，增加师生的课堂互动性，调动学生的学习积极性和主动性。例如立体有机化学分子的构型变化都是在三维空间发生的，仅靠课本上的二维而且静止的插图很难理解。如果使用三维分子结构球棒实物模型演示，将抽象的内容具体化，趣味性也增加了，加深了学生对分子立体结构的理解，同时锻炼了学生的空间思维能力。

三、精制教学课件，突出重点、难点

有机化学主要是一门介绍各类有机物的结构、分类、命名、性质及各种合成方法的自然学科。因此采用多媒体、幻灯片等新的教学手段，在理论知识的讲述过程中以分子结构为主线，通过对比法、归纳法、口诀法等将有机化学知识系统化、网络化，便于学生掌握。在选择、制作和应用多媒体课件的过程中，应遵循传统教学所遵循的基本教学规律、教学特点、教学原则。

其次，课堂教学是面对面讲授，运用课件有较大的灵活性，研制课件时主要对教学过程的重点和难点进行设计。这就要求教师在备课时准确地把握课程体系，深入研究教学大纲，科学处理教材，阅读相关资料，理清思路，确定各章节的教学重点、难点。在内容上，将难以理解的、抽象的内容如原子的杂化、亲电和亲核加成反应、亲电和亲核取代反应以及构型转化、定位效应等关键内容，以较慢的动画进行演示，这样可以使学生更直观地了解抽象的反应过程，降低接受难度，从而对知识掌握得更深刻更全面。而其他反应可直接采用简洁的方程式表达反应过程。对各种物质的结构，以模型或图片方式展示会更生动、更直观，学生更易理解接受。总之，在整个教学过程中，要做到多媒体教学与传统板书的最佳结合，提高教学效率。另外，每章结束时，布置一定量的作业。根据学生作业的情况，针对作业中存在的共性和个性问题，分别进行讲解，进一步强化重点和难点，加深学生对知识的掌握。还要安排一些综合性的例题，讲解解题的思路和方法，使学生对所学的知识有一个综合的掌握，能够做到融会贯通、举一反三。

四、合理概括和归纳知识点，便于记忆

每一章结束后，要求学生自己根据结构和性质的关系总结本章要点。同时老师根据以往的教学经验，总结归纳，找出规律，便于学生理解记忆。老师可采用比较的方式，抓住共同点，注意不同之处，将多个知识点串成线，减轻学生记忆的负担，强化学生对知识点的理解，拓宽学生的知识面。如烯烃的亲电加成和羰

基化合物的亲核加成,从进攻试剂、反应中间体的不同加以分析比较,使不同之处凸显出来,帮助同学轻松掌握。

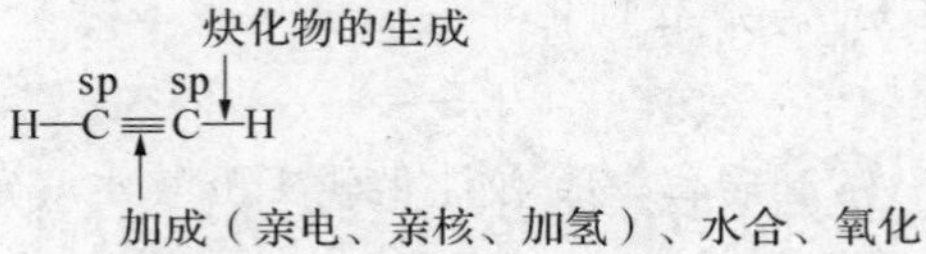

炔化物的生成
sp sp
$H—C\equiv C—H$
加成(亲电、亲核、加氢)、水合、氧化

图 2 炔烃的结构和化学性质

五、针对专业要求,设计实验项目

有机化学是一门实践性很强的学科。有机化学实验课程能够帮助学生从理论上升到实践来理解和掌握有机化学中的基本理论和基本反应,是帮助学生学好有机化学理论知识的必要环节和有效途径。良好的实验教学方法能够激发学生对有机化学的学习和探索热情。在实验安排上,增加在食品工业中应用较多的蒸发、结晶、合成、萃取等操作。通过这样有针对性的实验项目,提高学生有机化学知识与专业实践的有机结合,提高了理论教学效果,同时使学生学以致用,实践能力得以较大提高。

六、结语

针对国家对食品工程专业人才素质要求的不断提高,在积极分析目前教学情况的基础上,对传统的有机化学课程进行了创新性的教学改革,注重了化学知识和专业知识的有效结合,不仅使学生学到有机化学的基础知识,而且使学生产生了对专业的浓厚兴趣,为高等院校食品工程专业的有机化学教学改革工作提供了一定的借鉴。

参考文献

[1]齐双春.谈有机化学教学中的多媒体教学与传统教学[J].衡水学院学报,2008,10(4):108－110.

[2]黄子群,张怀红,刘传芳.提高非化学专业有机化学教学质量的研究[J].滁州学院学报,2009,11(1):85－86.

[3]姜文凤,陈宏博,于丽梅,等.改革有机化学课程教学管理模式的探索[J].中国大学教学,2009,9:42－43.

[4]吴春,等.有机化学多元化教学模式的实践与探索[J].科技创新导报,2010,33:167 .

[5]朱惠琴,朱凤霞.高师有机化学实验教学改革初探[J].科技创新导报,2010,3:205.

[6]江文辉,罗一鸣,唐瑞仁,等.有机化学实验教学改革的探索与实践[J].实验室研究与探索,2009,28(12) :115－118.

(作者为浙江工商大学食品与生物工程学院副教授)

食品微生物检验实验教学改革的初步探索

朱军莉　赵广英

食品安全问题关系到人类健康和生命安全，关系到社会和谐发展，是全球关注的热点问题。目前，食品安全形势严峻，食品安全事件频发，食品微生物污染问题仍然突出，其中细菌性食物中毒占各种食物中毒之首。据统计，近 10 年来，我国由微生物引起的食源性疾病事件中，沙门氏菌、金黄色葡萄球菌分别占 17.9%和 8.9%。而在美国、墨西哥、法国近年来多次发生由单核细胞增生性李斯特菌、大肠杆菌 O157：H7 等污染食品引起的恶性中毒事件。食品检验是保障食品安全的重要手段和措施。食品卫生与检验是我校的传统专业，在多年的专业教学中，食品微生物检验教学及实验在本专业的教学体系中一直作为核心课程，是食品质量与安全专业的必修课。

随着生命科学飞速发展及微生物研究领域新技术的不断涌现，对学生在知识面和学习能力等方面提出了更高的要求。传统实验教学体系中实验课程为理论课附属的观念、实验教学以验证性实验为主、实验考核缺乏科学制度等问题已不适应当今社会对人才培养的需求，也对传统课程食品微生物检验的教学实践提出了挑战。教学团队引进现代教学方法，以案例为引导，关注学科前沿等教学改革，在理论教学中取得了积极的成效。食品微生物检验课程实践性非常强，实验教学对该课程至关重要，对培养学生的动手操作能力、提高学生的科研创新能力具有重要作用。部分高校教师对食品微生物检验、病原微生物实验课程进行了改革尝试，取得了良好的效果。笔者总结近几年的实验教学，对传统的教学内容和教学方法进行了初步探索。

一、优化和整合实验内容，形成“模块式”教学体系，培养创新性人才

为了满足社会食品检验部门和企业的要求，在现代教学有限的实验课时内安排更多的实验内容，使学生了解和掌握更多的操作技能和实验能力，将分散的实验有机地结合起来，形成模块教学体系：验证性实验、综合性实验和设计性实验，并将基本实验技能训练和综合素养训练安排到每次实验课程中。

1.验证性实验巩固学生微生物基本实验技能

验证性实验可以训练学生的基本实验操作技能，培养学生对实验现象的观察和判断能力，从而正确地理解和运用理论知识，积累实验经验，验证性实验更是学生进行综合性实验和设计性实验的基础。由于考虑开设食品微生物检验实验课程之前已经学习了普通微生物学及实验，因此在选择实验项目时，尽量避免单独开设基本操作性实验，而是把基本操作逐步融合到验证性中。为了提高学生的学习兴趣，实验对象应贴近生活实际，检验样品应选择不同类型的食物实样。在验证性实验项目中，选择“蛋糕中菌落总数测定”和“饮料中大肠菌群计数”两个实验，不仅巩固和复习了培养基的配制、无菌器皿的准备、灭菌技术等微生物基本操作，又学习了食物样品的采集和处理、实验结果的观察和记录、实验报告的书写，培养了操作中的无菌意识。在此基础上，通过不同培养基的配制和大肠菌群初发酵、复发酵、MPN结果观察，让学生体会食品微生物检验是以微生物实验为基础，但是检验内容和步骤更复杂，实验过程中需要认真分析思考，提高学生对实验教学的兴趣。

2.综合性实验提高学生综合素养

综合性实验是课程体系中的第二个层次，该实验的目的是培养学生综合运用能力、分析和解决问题的能力，是实验教学改革的重点。在综合性实验中，以学习食品中代表性致病菌的检验为主要内容，包括致病菌的选择性增菌、选择性和鉴别性平板分离、生化鉴定、快速检测技术，学生通过每个实验学习必须掌握的操作技能、检验程序，并学习结果观察，数据收集、整理和现象原理分析等。根据课程内容，我们开设了“肉制品中沙门氏菌检验”、“海产品中副溶血性弧菌检验”、“奶制品中金黄色葡萄球菌检验”等。在实验教学过程中，我们不是简单地

让学生观察结果或结论，而更关注对检验过程的了解，让学生学会分析每一检验步骤以获得结果，学会通过实验现象发现本质。

例如，开设的“肉制品中沙门氏菌检验”实验课中，我们在肉样中人工污染阳性菌沙门氏菌。经前增菌和选择性增菌后，在生化试验和血清学鉴定中，每个小组设置大肠杆菌的阴性对照，两种细菌在三糖铁、靛基质等生化实验及凝集反应中呈现完全不同的现象，此后，让学生进一步分析沙门氏菌的生化原理和抗原性，通过比较学习分析，让学生理解更透彻。

3.设计性实验培养学生科研探索能力

设计性实验的目的是培养学生的科研探索精神、科研能力、创新意识及培养学生科学研究的思维方式，为今后的工作和学习打下坚实的基础。在学期末，食品质量与安全专业安排了综合大实验环节，其中食品微生物检验部分主要开设设计性实验。根据该实验课程特点，结合食品生产和加工问题，我们提出两个设计性实验题目：市售乳与乳制品微生物学检验和鱼糜制品微生物生长变化。学生 3—4 人组成小组，选择感兴趣的项目，进行独立的实验设计、实验材料准备并完成实验内容，这类似一个完整的科研过程，为本科生毕业论文的写作和科研能力的培养奠定了基础。

设计性实验让学生综合运用所掌握的理论基础知识、实验技能以及各种检验手段和实验方法，因此，我们应该放手，培养学生独立思考和实验探索的能力。学生首先通过查询相关资料和食品卫生微生物检验国标，明确食物样品检验项目，如乳检验选择菌落总数、大肠菌群、沙门氏菌、志贺氏菌、金黄色葡萄球菌、霉菌和酵母计数六项指标。根据检验指标，小组独立设计实验方案、步骤，详细列出所涉及的材料、每天所需完成的实验内容。然后选择配套仪器设备，进行实验检测，独立完成实验。最后进行实验数据的处理，写出完整的实验报告。设计性实验是在老师的指导下学生独立完成实验设计和内容，各组成员间的合理分工、相互配合、集思广益、团队合作是非常重要的。

二、让学生充分参与实验教学始终，调动学生主动性

食品微生物检验实验往往需要两天或更长时间才能完成，而且内容是循序渐进的，因此提高学生实验的主动性非常重要。为了培养学生的独立实验能力和积极性，我们让学生充分参与实验教学的每个环节，如课前准备、独立实验操作、实验室整理等。实验以小组为单位，实验所需的各类培养基、稀释液等分别

由每个小组负责配制，供全班同学在后续的实验中使用。实验课程中的检样处理、增菌步骤以小组为单位完成，而平板分离、生化实验等由学生个人独立完成。将上一次实验的结果作为下一次实验的材料，增强学生对实验结果的期盼，激发学生的学习兴趣。当然，实验教学工作中我们也发现，个别小组由于粗心忘记调节培养基的 pH 值或培养基成分计算不准确，导致培养后细菌不生长现象。通过引导学生分析问题，找到问题的原因，加深了对实验原理的理解，提升了学生的综合素质。

另一方面，每小组负责一个实验的始终，该小组就需要预习并熟悉实验内容，提前将每次所用的实验样品、配制好的培养基、器具等分配到每位同学，负责一个实验几天的准备工作和实验室的卫生工作。尽管每项实验全班同学的操作时间不长，但是每次实验的准备工作繁重，而这些经验对他们日后的工作是非常重要的。与理论课教学相比，实验教学创造了更多的教师与学生、学生与学生相互交流的机会，小组为单位的教学方式强化了团队合作，提高了教学效果。

三、提高实验教学队伍水平

实验教学改革对从事实验教学工作教师的教学手段和业务能力也提出了更高的要求。首先，实验教师应具备扎实的食品微生物检验的业务能力，包括广泛的专业知识、教学研究的基本功以及获取和运用信息的能力等，这样才能够成功地完成从实验课题的拟订，到方案的审查、修订、答疑辅导、批改报告等整个实验流程中的各项实验教学任务。

把握实验教学的每个环节，摆正实验教学中老师的位置。在现代的实验教学中，要以学生为中心，教师真正站到指导实验的位置上。这就要求教师必须具备高度的责任感，准确把握讲授、示范、指导等几个方面的分寸，做到实验教学各个环节上的松紧适度。在课前布置教学内容预习，课上通过提问启发思维，通过精讲突出重点，介绍进展，扩大知识面。另外，不同实验模块可采用不同的教学手段。验证性实验主要采用传统的教学方式，教师在每次实验课上都要进行示范操作，边示范操作边讲解其原理。对综合性、设计性实验，教师可提供知识范围和仪器设备，要求学生自己查阅资料，以小组为单位，以指导教学为主，教师要充分调动学生的主动性，让学生融会贯通地掌握理论知识和实验技能，提高分析问题和解决问题的能力。

教师应具备学习新信息和知识的敏感性。微生物学领域发展很快，在实验教学中应将微生物最新研究成果及实验技术手段引入教学。食品微生物检验实验主要教材国家标准食品卫生微生物检验近年来修订了大部分内容,应采用最新的2010版本食品安全国家标准食品微生物学检验为教材。并且教师及时参加培训和学习,将最新的检验方法、新的检测仪器使用方法和新技术传授给学生,如沙门氏菌的检验中,在原有生化鉴定的基础上,进一步选择API 20E生化鉴定试剂盒和VITEK全自动微生物鉴定系统进行鉴定,增加学生知识面。

多媒体教学手段部分引入实验教学。加强微生物学辅助教学软件的开发和应用,将一些受学时限制而无法开出的实验技术和实验内容拍成电教片让学生观看,从而使学生能有一个感性的认识。

四、改革实验考核方法,采用多种评价手段,严格要求

实验考核应该体现学生的操作能力、实验结果分析能力等方面。传统的考核方法是课程结束后对理论知识进行书面考核,实验课只是结合平时的表现及实验报告给出总评成绩。某些学生实验课程中不重视实验技能训练,而实验报告写得非常认真。因此,难以全面、客观地反映学生对实验基本操作技能的掌握情况。为此,我们采用了新的考核方法,食品微生物检验实验成绩由平时成绩(占20%)、操作成绩(占40%)、实验理论考试成绩(占40%)组成。平时成绩主要是由出勤、纪律、实验报告(实验结果分析)的成绩构成,操作成绩主要是每次实验中关键操作要点设立1次操作打分,如细菌总数测定实验中观察平板技术琼脂上细菌生长情况和计数的准确性,同时考查小组责任心、团队协作精神等,食品微生物实验成绩评定具体落实到每一次实验和环节中,使得学生走进实验室上课的同时,也开始了实验课考试。通过对考核制度的改革使学生重视实验课,极大地调动了学生动手的积极性,有助于培养学生全面系统的实验操作技能。

参考文献

[1]毛雪丹,胡俊峰,刘秀梅.2003—2007年中国1060起细菌性食源性疾病流行病学特征分析[J].中国食品卫生杂志,2010,22(3):224—228.

[2]索玉娟,于宏伟,凌巍,等.食品中金黄色葡萄球菌污染状况研究[J].中国食品学报,2008,8(3):88—93.

[3]赵广英,励建荣,邓少平,等.食品质量与安全专业食品微生物检验实验改革体会.食品科学,2004,25(12):202—205.

[4]喻子牛,何绍江,朱火堂.微生物教学研究与改革.北京:科学出版

社,2000.

[5]王世清,官春波,仇宏伟,等.食品微生物检验实验教学模式的实践与探讨[J].微生物学通报,2008,35(3):450－452.

[6]宁喜斌,刘代新,张亚琼.食品质量与安全专业学生病原微生物检测技能培养的探讨[J].微生物学通报,2009,36(8):1260－1263.

(朱军莉,浙江工商大学食品与生物工程学院副教授)

食品质量与安全本科专业特色教学研究

——以浙江工商大学食品与生物工程学院食品质量与安全专业为例

田师一　赵广英　韩剑众　顾振宇　邓少平

一、引言

新时期高等教育的根本任务是培养高素质和拔尖创新人才，最大限度地满足经济和社会发展对人才的要求，同时提高学生的就业和创业能力。食品安全是人类生存与发展的一个永恒主题，不同的社会经济发展阶段具有不同的特征，对食品安全专业人才的需求内涵也在不断地变化。依据教育部贯彻实施“质量工程”的要求，浙江工商大学食品与生物工程学院食品质量与安全专业制定了如下教育理念：使学生符合现代国家食品安全战略对人才素质与能力的基本要求，使学生掌握化学、生物学、食品科学、管理学等学科的基础理论和基础知识，掌握现代食品质量与安全检测检验技术、过程控制和预防管理技术，即培养“精食品、强检验、善管理”三位一体的技术管理型复合人才。

本文介绍了浙江工商大学食品与生物工程学院食品质量与安全专业近年来在本科生人才培养与教学改革方面的部分工作，以期为兄弟院校相关专业提供思考与借鉴。

二、注重学生专业素质的培养

专业素质的养成是工科学生发展提高的基本要素，也是目前我国高等教育的难点，食品与质量安全专业通过多种形式从新生进入大学校门开始，就坚持强化专业素质的养成。

1. 一门专业导论课

在第一学期开设专业导论课，由经验丰富的资深教授主讲，重点介绍学什么、干什么、怎样学。

2. 二份专业报

在开设大一专业导论课同时，用专业报纸熏陶学生。新生一进校门，二份专业报纸"中国食品报"、"中国食品质量报"在每个寝室迎接他们，四年中陪伴他们一起成长，使之成为不是教材的教材，不是课堂的课堂，不是老师的老师。

3. 三个暑期专业社会实践

让每个学生都必须参加三个暑期的专业社会实践，这是学生专业素质养成的重要环节，学生通过各种形式广泛地接触不同层面、不同类型的食品质量安全问题，迅速提高自身的专业兴趣、专业能力和综合素质，并为今后的专业学习打下扎实的基础。

三、注重课程体系结构设置

在体现现代高等教育思想的基本课程体系框架下，食品质量与安全专业设计了"4＋4＋4"的核心专业课程模块（见图 1），以形成特色的、优势的专业教育。专业课程的特点表现在，在保持原有检测类课程为主体的前提下，将食品类课程系统整合，强化管理类课程，优化设计了"食品、检测、管理"三类主干课程的学分结构比例（3∶4∶3），规范了课程名称及大纲内容，体现了"技术管理型"复合人才必备的知识与技能结构，及时反映了食品质量与安全学科发展的前沿和主导方向，一些专业核心课程都是国内第一次开设。近年来又及时调整成图 1 所示的教学体系结构，以适应社会需求及学科发展的新形势。

四、课程知识各具特点

课程知识的特点，是教与学的灵魂，也是教学风格的体现。目前本专业的大部分核心课程已经在知识特点上具备了鲜明的特色，其中最明显的：一是学科优势背景，本专业科研上以食品感官科学、食品安全快速检测技术、肉食品品质学为三个主要研究方向，本科教学授课的主讲教师都由具有该领域科研背景的教师担任，这样，教师能够用自己的科研成果和经历来充实课堂；二是学科时代特

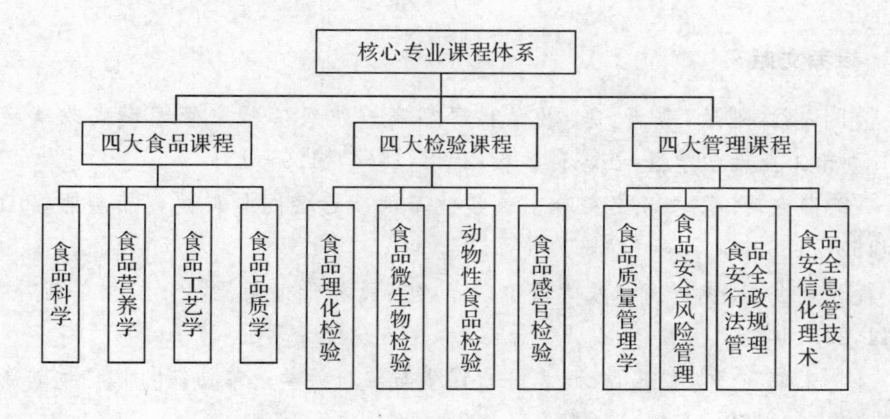

图1 “4＋4＋4”核心专业课程体系

征，食品安全是一个发展迅速的领域，任课教师能够在课程中及时补充更新内容，让学生掌握发展趋势；三是注入科学思想与实验方法学，尽量以案例展开教学，让学生从感性中寻找理性，学会思考，学会学习，学会研究。

五、课程教学方法、实践方法

课程采用丰富多样的教学方法，除了采用传统的教师教授，学生听课做笔记的教学方法外，积极开展以案例为主导的启发引导式教学、以学生讨论为主体的研讨课、提问讨论教学等方式，努力使传统的课堂教学丰富有趣，吸引学生的注意力。实验教学上，在传统实验教学基础上，开设众多开放性和综合性实验课程，每个教学实验室都挂有本实验室开放的实验内容和指导教师名字，允许学生在课余时间根据自身兴趣爱好及特点，选择相应的实验内容，学习实验知识、实验技巧。同时，利用各种社会资源，积极与各企事业单位联系合作，组织学生到各企事业单位实地考察学习。

六、网络教学与课堂教学相结合

以本专业的国家精品课程《食品感官科学》为例，建立了非常完善的课程网站，教师讲授的多媒体课件、往年试题以及与本课程相关资料都在主页上进行资源共享，方便学生课余时间的学习。同时，网站还设有食品感官科学研究相关主题，每个对应主题下均有非常丰富的学习与研究资料，网站犹如一个开放的免费的食品感官科学专业图书馆，学生能够通过浏览网页，学习大量的课程外知识。网站目前点击率已近220000次。

参考文献

[1]向红,刘欣,曹庸,等.教学科研型高校院级实验室管理模式改革研究[J].湖南工业大学学报:社会科学版,2011,16(4):129—131.

[2]颜金玲.探求高校实验室教学改革的新途径[J].科技创新导报,2011,24:152—153.

[3]黄金山.浅析搞好课堂教学改革提高民族干部素质[J].科技创新导报,2011,23:160.

[4]朱鹏飞,刘梅,宋诚.仪器分析课堂与实验教学改革初探[J].科技创新导报,2011,23:152—153.

[5]农杰.“教、学、做一体化”教学模式应用于《模拟电子技术》的探讨[J].科技创新导报,2011,24:178.

(田师一,浙江工商大学食品与生物工程学院讲师)

食品专业大一无机化学课的教学改革探索

张　祥

邓小平同志提出“教育要摆在优先发展的战略地位；教育要面向现代化、面向世界、面向未来”。教育部化学教学指导委员会早在1996年10月的南京会议就指出：为了推动面向新世纪的化学教学改革，必须转变教学观念，更新教学思想，重新审视本科教育及基础课的目标与特征，在深化改革课程体系，组织课程，精心选择教学内容，改革教学方法上下工夫。正是基于这个思想指导，本文结合我校食品与生物工程学院办学特色，就大一无机化学的教学改革做些初步探索。

无机化学作为四大基础化学之首，是我校食品与生物工程学院各专业学生进入大学后所学的第一门专业基础课，也是后续专业基础课程的基础，它的教学内容和教学效果直接影响到其他专业基础课的学习。如何搞好无机化学教学工作，使无机化学的教与学变得轻松有趣，提高教学效果，是每个无机化学教学工作者都应思考的问题。

学生刚经历高考来到大学校园，他们在生活和学习等各方面都还不适应，特别是学习方法和学习内容上的不适应，极大地影响了他们对课程的学习。同时，相对于中学所学，大学无机化学课程内容更加抽象，知识点更多，如果依旧按照教师反复讲解与学生看书强行记忆获得知识的老套路来教授无机化学，不仅使得学生在学习时倍感吃力，学习兴趣减弱，甚至使学生对无机化学的学习产生反感，进而影响学习效果。因此，改变传统的教师讲述、学生被动接受知识的教学模式，让学生在教师的指导下积极主动地学习，帮助他们转变学习观念，快速适应大学化学的学习，在无机化学课堂教学中突出导入策略就显得尤为重要。有这样一句话，“良好的开端是成功的一半”，化学课的导入要充满奇、新、趣，以有趣的化学故事、化学名人传奇以及最新的化学成果等为先导，引入基础理论，再辅以相应的小练习和小实验，这样才能充分发挥学生的主动性，有利于学生创造性思维的培养和学习能力的提高。

无机化学作为食品与生物工程学院各专业（本科）的第一门化学基础课程，是培养食品科学与工程、食品安全、生物工程等专业技术人才的整体知识结构及能力结构的重要组成部分。与纯化学专业要求不同的是，通过本课程的学习，主要是培养学生解决一般无机化学问题和化学计算的能力，并重视学生科学思维能力、学习方法和自学能力的培养，提高学生分析问题和解决问题的能力；为学习分析化学、有机化学和物理化学以及食品化学、生物化学等后继课程打下基础。因此要求学生掌握的重点内容就是四大反应，即酸碱反应、沉淀反应、氧化还原反应和配位反应。如何帮助食品学院各专业学生掌握这四大反应的基本理论和基础知识，是我们无机化学教学工作者亟待解决的问题。以下就无机化学教学问题做些初步探讨。

一、整合和精炼教学内容，体现课程特色

教学内容要与食品学科紧密联系，要让学生充分认识到化学基础理论知识在食品学领域中的重要性，提高学习的热情。教材不要过多地罗列基础理论，而是要重视培养学生的科学能力和科学品质。解决好教学内容与课时量，学生化学基础水平与教学要求等之间的矛盾。根据我院食品学科的特点，无机化学教授的重点内容是四大基础反应，对于其他内容或者放弃，或者在时间宽裕的情况下作为补充内容，适当讲解。这样既能减轻学生负担，又能体现课程特色。

二、新奇的课堂导入策略

纯粹的无机化学理论固然枯燥无味，但是传奇的化学发展史，著名的化学人物成长过程以及最新的化学前沿及动态必定能引起学生的极大热情。既然我们的教学内容以四大化学反应为主线，那么以与这四大化学反应有关的化学史，化学人物以及最新的化学动态为先导，与学生之间展开互动式交流，随即引出需要讲解的基础理论，这样比罗列基础知识点要显得更加趣味、生动、深入浅出。同时能够有效地避免学生出现厌学的情绪。比如说讲解酸碱反应，我们可以从阿伦尼乌斯、路易斯等这些伟大的化学家说起，介绍他们的成长经历，发现科学问题的过程及在这过程中遇到的困难，逐步引出酸碱反应的本质，如此既可潜移默

化地引导学生学习基础理论，同时还可介绍酸碱反应在当今化学前沿中的应用，让学生真正体会到酸碱反应的作用，进而主观上产生学习的兴趣。

另外，在教学过程中，恰当使用多媒体教学手段，能够起到事半功倍的效果。多媒体涵盖了视频、音频、图片等多个方面，让课堂教学内容更加丰富，可以让学生大脑保持长时间的兴奋状态。如利用幻灯片、多媒体课件演示化学反应中分子或原子的运动及碰转过程，可以增强教学的趣味性和直观性，给学生创设良好逼真的想象空间。

三、实验跟进，巩固理论

无机化学归根结底是一门实验性较强的学科，实验教学是化学教学过程的重要环节，二者不能完全割裂，应当将理论和实验结合起来进行教学。无机化学实验课不仅要加强化学实验基本操作和技能的训练，还要培养学生敏锐的观察能力和严谨的科学态度，启发学生的创新意识，培养他们的创新能力。四大基础反应都有相应的实验，通过学生亲自动手做实验，仿佛回到当年化学先驱们发现这四大化学反应的场景，既能提高学生的动手能力，加深对基础理论的理解，又能培养学生的科学自豪感。

以上三点内容是基于我院特点对大一学生无机化学的教学改革做出的一些初步探索。要实现这些目标，对于我们化学教学工作者提出了更高的要求，如以下几点。

1. 业务能力的提高

教师上课首先要做到有“备”而来，不是说备好了这一堂课，而是要对整个无机化学教学内容都成竹在胸，只有这样才能讲授得更透彻，对任何一个知识点都可以信手拈来，对于化学史，相应的化学人物以及当前的化学前沿都有充分的了解和感悟，要有自己的独特见解，能够做到让学生崇拜那是最好。第二，教师要学会用幽默、生动的语言把知识点传授出来。照本宣科的老师以及枯燥无味的教学方法都是不受学生欢迎的，这就需要教师的幽默风趣作为调味剂，让学生在幽默轻松的环境下去学。第三，教师上课要有励志精神，要懂得鼓励学生。

2. 精心设计课堂提问，加强互动

提问可以总结或检测以前的上课内容，也可以导出新的知识点，因此，恰当的提问是增进师生互动的润滑剂。教师要起到引导学生、统筹课堂的作用，应精

心设计课堂提问。首先,提问要难易适中,让大家都有机会参加,最大限度地调动学生的积极性;当然对于优等生,可设计一些有挑战性的问题,提高其思维能力;对于化学水平较弱的学生可提一些简单的问题,以提高他们学习的信心。其次,提问的方式要多样化。此外,教师对学生的回答应给予准确多样的评价,评价语言要丰富,且具有激励性。师生互动的一个重要方面是教师对学生的评价,这不仅让学生知道自己学得如何,还可以让学生及时改进自己的学习方法,进而建立良好的课堂氛围。

即使是大学生,本质上都是个孩子,爱玩是他们的天性。教师要想融入到学生当中,掌握、理解他们的心理,赢得他们的信任,就必须会"玩",当然这不是说教师放弃教学任务瞎玩。而是可以以"玩"的方式将知识灌输给学生,或是让学生在玩中学会某种知识,正所谓的寓教于乐。以前,人们常说,"严师出高徒",但现在的学生更喜欢爱"玩"的老师,一旦学生将老师当成朋友,他们肯定会努力将这门课学好,这样,师生关系融洽,学生又学好知识,何乐而不为呢?

无机化学是食品与生物工程学院大学一年级新生首先接触的化学类基础课程,是中学化学与大学化学的衔接,对后续的专业基础课程学习影响很大,因此如何让学生尽快适应大学的学习,培养学生学会学习、学会思考、学会研究在教学改革中尤为重要。

参考文献

[1]胡育,张元勤,王应红,等.无机化学教学改革初探[J].乐山师范学院学报.2011,5:118-119.

[2]罗艺萍.谈无机及分析化学理论课教学改革的体会[J].思茅师范高等专科学校学报.2010,3:12-114.

[3]缪应菊,李志,胡女丹,等.无机化学实验教学改革的思考[J].六盘水师范高等专科学校学报,2011,3:47-49.

[4]王萍.无机化学课的教改探索[J].湖北教育学院学报,2000,2:90-91.

[5]徐桦.深化无机化学课程的教学改革[J].常熟高专学报,1999,6:49-51.

(作者为浙江工商大学食品与生物工程学院讲师)

通过强化“规则”改善大学生班级管理的思考

窦文超

大学生的年龄一般是18到22岁，刚刚过完青春期，很多思想还停留在中学生时代，再加上他们之前的生活单一，并未真正地接触过一些事情，也很少完全独立地应对生活，所以他们很多时候的想法单纯而原始。另一方面他们又感觉到自己已经长大成人，有很强的自立自强的意识，希望并也认为自己已经具备了面对生活的能力。大学生这种实际能力与愿望的脱钩会贯穿他们的整个大学生活。而在大学生活中，学习并不会给大学生们造成麻烦，他们普遍具有很强的学习自律性和学习能力，加上大学的学习任务相对轻松，所以在学习方面大部分学生都能轻松应对。他们真正缺乏的是沟通能力和管理能力，而这些能力的欠缺在班级管理当中最为明显。

班级是大学生活中最基本的单元，是大学生最重要的团体。大学往往没有固定教室也没有固定教师，整个大学生活中，唯一固定的就是大学班级，班里每个人从入学到毕业共同走过，无论是在校时间还是毕业以后，班级对于每个大学生都是记忆最深刻的部分。一个良好的班级氛围不但可以增强班级的凝聚力，也会增强学生彼此之间的感情。在学生毕业以后，往往还会增强学生对母校的认可和怀念，所以班级管理工作显得尤为重要。

大学的班级管理和中学有很大的不同，中学班级管理主要由老师完成，班干部更多时候是老师的助手，帮助老师传递信息。而在大学生活中，班级管理主要是由学生自己完成，班主任更多的时候是一个辅助的角色。提高大学班级管理的关键是提高学生自身的班级管理能力。下面将从几个方面探讨这一问题。

一、优化奖学金评选

在中国，大学生往往都无法经济独立，他们往往需要家庭的资助。同时大学生和中学生相比，经济独立的欲望更强烈，他们中很多人虽然都在花父母的钱，却都希望通过自己的努力和劳动获取一些经济收入。在学生所有的挣钱机会（如：做家教、勤工俭学、社会兼职等）中，学校的奖学金是学生最为看重的一份额外经济收入，这里面很多学生往往更在意的是奖学金的经济部分而不是荣誉部分。而在学校奖学金评选中除学习成绩是每个人自身可以控制的，奖学金的很多其他评选指标都是由班级来确定的，因此班级在奖学金评选中起着重要的作用，有时候甚至是支配性作用。奖学金评选往往是班级管理最大的挑战，如果处理得当，班级同学之间的感情会更加紧密，而一旦处理失当往往会让一个班级进入一个分裂的状态，影响同学之间的感情，加大班级管理的难度，最终陷入一个恶性循环，导致变成一个失败的班集体。

在这个问题中，最大的困难是班干部很多时候既是奖学金评比的管理者又是奖学金评比的参与者，他们很多时候和其他同学一样希望得到奖学金，而他们自身在奖学金评比时又会比其他同学有更多的信息优势，所以一旦在班干部与普通学生评比条件相似的情况下，评比就很难处理。如果任由班干部凭借自己的优势来获得奖学金，这会极大地伤害其他同学的感情，加上班干部本身主导着奖学金的评选，往往会让班里学生对班干部产生极大的抵触情绪，让班干部以后的工作更难开展。如果班主任或学院要求同等条件下班干部主动让贤，又会伤害班干部的工作积极性，使得学生参与班级管理的主动性更加缺乏。

所以如何在大学班级当中公平、公开地进行奖学金和助学金评选，是班级管理的难点，也是提高学生班级管理能力的最好机会。

中国人对钱有一种本能的害羞，虽然都喜欢钱，但是总是刻意地掩饰自己的冲动。而对于大学生来说，他们也有这个特点，体现到具体操作过程当中就是大家不敢或者不好意思积极地申报奖学金，也不好意思主动地向班委和学院咨询奖学金的评选办法和标准。另外在班级评选或者推荐过程中也不敢积极地表达自己的观点。大学生的这种做法，往往会增加奖学金评选的难度和不透明度。针对这个问题，最好的做法就是让班干部第一时间将奖学金的评选日期通知给班里学生。班主任和学院应该动员并鼓励学生去了解奖学金评选规则，并鼓励符合条件的学生积极申报，鼓励学生都参与到奖学金评选过程中，让他们了解整个过程，并在评选过程中真实地表达自己的想法。这么做不但可以减轻班干部的工作量,也可以最大限度地保证评选工作的透明度,消除学生对评选结果无根据的怀疑和质疑。这部分最关键的就是让学生掌握奖学金的评选规则,并利用规则表达自己的想法,消除班委个人因素对评选结果的影响。

二、班委选举

中国文化中有很多明哲保身的概念,比如"枪打出头鸟",所以很多事情大家喜欢当"大多数",这个在大学生班委选举中也有清晰的反映。很多人都有当班委的愿望,但是为了不引起其他同学的反感或者抵触情绪,每个人都不敢真实地表达自己的想法。这给班委选举带来很大的困难,会造成少数人推荐的人成为唯一候选人,并最终成为班委,虽然大多数人未发表不同意见,但心里并未对新班委完全认可,这为以后班委的工作造成了很大的障碍。在班委选举中应该引导大学生认识到:首先,班委是一个服务性岗位,不存在高人一等的概念,去除所有学生潜意识中的官本位思想;其次,要让每个人都认真地思考一下如果自己参选班委,那么他当上班委以后,会做什么,为什么做这些工作,并将这些想法整理清楚,作为自己竞选班委的发言内容,要让学生认识到参选班委是一件系统的工作,并不是自己的一个想法;最后在选举时,应当鼓励同学向候选人发问,要让每个学生知道,你现在的一个决定将会影响到你今后一年的学习和班级生活,你虽未竞选依然可以对被选人表达自己的诉求和质疑,从这个过程中更清楚地了解每个候选人,最终将自己的选票理性地投出,让学生了解到自己要对自己的选择负责。

三、强化规则意识

在中国的文化中有一很重要的内容,即"面子"问题,这在大学生活中也有明显的体现。这种情怀对于日常生活具有很重要的作用,可以让学生之间相互帮助,然而落实到班级管理当中却是班级管理的最大障碍。班干部会因为考虑同学的面子而无法有效地落实班级定下的决议,而同学因为碍于面子无法直接有效地将自己的想法或者意见表达给班委。这种做法时间一长必将造成同学与班委之间的误会,进而引起矛盾,最终引起同学之间的猜忌和不和。要消除这一障碍最有力的工具就是强化"规则"意识。要消除学生对"规则"的抵触情绪,大部分学生都本能地认为按规则会伤害彼此之间的感情,要让他们知道,一套清晰的规则会保护他们之间的感情不被不必要的误会伤害。

另外,从培养大学生的社会适应能力和就业能力角度出发,让他们懂得规则的重要性。在社会生活中更多时候大家都是在一个个清晰的规则下生活，让学生懂得越重视规则越容易适应更高层次的工作岗位。

四、结语

每个大学生进入大学的时候都怀揣着美好的愿望，他们希望能过一个美好的大学生活，希望能交很多的朋友，希望能以大学为跳板找到一个更好的工作。而真正实现他们这些梦想的场所就是班级，他们的班级生活美好，他们的大学生活就美好，他们的同班同学就是他们最好的朋友，而一个氛围良好的班级不但让他们学习进步，也会历练出更加积极开朗和健全的性格，这些必将让他们受益无穷。这就使得班级管理显得极其重要，因为它不光影响到班干部的能力提高，更会影响到班级每个人，优秀的班级管理将让每个人受益良多，也最终会将正面的影响反馈到学校。

（作者为浙江工商大学食品与生物工程学院讲师，博士）

无机化学实验教学改革的尝试

田迪英

一、前言

随着科技的进步与市场经济的建立，对人才的要求越来越高。作为高等学校，只有培养出具有创新精神和创新能力的创造型人才，才能适应社会需要。实验教学是获取新知识的源泉，是实验知识与能力、理论与实践相结合的关键，是训练技能、培养创新意识的重要手段，在高等教学体系中占有十分重要的地位，对培养学生的动手能力，分析、解决问题的能力，正确的思维方式及严谨的工作作风等起着不可替代的作用。

无机化学实验是本校化学、食品、生物、环境相关的以化学为基础的各类专业的一门实践性独立课程，是培养学生实验方法和实验技能的起点，是后续各门化学类实验课程的基础，其教学质量的好坏，直接关系到大一学生对本专业的兴趣和后续实验课程的开设效果。

无机化学实验涉及的知识面宽，操作要求严谨，实验现象多，实验数据处理量大，对数据精密度、准确度要求高，同时影响实验成败的因素多，如条件的变化、仪器的精密度和稳定性等对实验的结果都有较大的影响。化学实验现象常常会因试剂用量、介质酸碱性、加入试剂的先后顺序、反应温度等条件的不同而变得非常复杂，有时甚至与理论预测的现象不符合，出现“异常”的实验现象，所以它在培养学生基本实验技能、严谨求实的教学态度、分析和解决问题的能力等方面具有重要作用。然而在多年的无机化学实验教学中，我们深感学生动手能力差,依赖性较强,对实验不够重视,这无疑会影响他们的就业竞争力,为了寻求一种行之有效的解决办法,我们对无机化学实验内容和教学方法进行了改革尝试。

二、改革了实验指导书

由于传统采用的《无机化学实验》教材编写较为详细,目的、原理、步骤、计算等都罗列其中,增加了学生的依赖性,不利于学生能力的培养。为此,本人对其进行了改进,自编了实验指导书,根据不同阶段不同的培养目的把它分成四个教学单元进行编写。(见表1)

表1 实验指导书教学单元

教学单元	编写情况	目的
基础知识介绍单元	常见分析仪器的结构及正确的使用方法。	让学生充分了解分析仪器的构造和正确的使用方法。
基本操作技能培养单元	以验证性实验为主,指导书详细阐明:实验的目的、原理、方法、步骤。	让学生熟悉无机化学实验基本方法、实验规则,能够正确使用仪器,建立严格"量"的概念,学会定量化处理,能够写出较完整的实验报告,使其快速入门。
技能提高单元	以应用性实验为主,指导书只阐明目的、原理。	锻炼学生实验技术,提高实验兴趣,实现由被动性实验转为主动性参与。
综合能力培养单元	以设计研究性实验为主,实验指导书只阐明要求及注意事项。	加强学生对所学知识的整体进行系统而全面的了解和掌握,挖掘学生的想象力和创造力,培养学生独立思考、分析问题、解决问题的能力,实现由学习知识到将来独立从事科研活动的转变。

三、改革了授课方式

众所周知,一个完整的实验教学包括实验预习、实验操作、实验报告三个基本环节。在教学中,这三个环节是相互依存的。然而在化学实验教学中,教师重视的往往是实验内容和实验方法,至于实验中涉及的思维方法、设计原理、设计方法则强调不够;而学生往往只重视实验操作和实验报告,却不注重或轻视实验预习,这样就容易造成学生在实验过程中"按图索骥、照方抓药"。学生只是被动地进行实验,这既难以保证实验顺利进行,影响实验的效果,同时又由于学生缺乏主动思考，以完成任务为目的，达不到实验教学预期的目的。为了培养学生发现问题和解决问题的能力，我们根据实验内容的不同，建立“多元互动型”教学模式，即在教师的辅助下，学生通过自主学习、协作学习、讨论学习等方式完成无机化学实验内容，不同的教学单元采取不同的授课方式。(见表2)

表2　授课方式

教学单元	授课方式	作业
基础知识介绍单元	看电视录像，提问。	基础知识练习卷
基本操作技能培养单元	自学、提问、检查预习报告、教师演示、操作。	实验报告
技能提高单元	自学，检查预习报告，提问，教师引导学生讨论，确定实验方法、实验步骤，操作。	实验报告
综合能力培养单元	学生自己设计方案、确定实验方法、步骤，答辩。	论文

实验报告是学生自己实验工作的真实记录和全面系统总结，为写科技报告、科学论文打下基础，所以我们对实验报告的写作作了严格的要求：原理叙述要精练、方法步骤简明扼要、数据记录真实、结果处理正确合理、讨论要有深度。同时，对设计实验的论文也作了要求：格式要符合期刊的要求，须有中英文标题，要有关键词、摘要，最后须附参考文献。

四、改革了考核标准

考核是反馈教学质量较好的方法之一，它既能反映教学中的薄弱环节，又能体现教学的效果，同时合理的考核既能反映学生的水平，又能调动学生实验的积极性。通过多年实践发现，要想提高教学质量，反映学生的真实水平，必须严格制定或执行考核制度。我们根据无机化学的特点，进行了考核方式的探索：教师通过平时学生的实验技能，评定学生实验过程中的操作质量；通过设计实验评定学生的综合能力；通过操作考试评定学生操作的正确性、规范性；通过笔试(内容包括仪器的正确使用、实验原理、简单的实验方法)评定学生掌握基本知识的情况。(见表3)

表3　无机化学实验成绩评分标准

平　时(100分)		设　计(100分)		操作考核(100分)		实验理论考试(100分)	
项目	得分	项目	得分	项目	得分	项目	得分
预习报告	10	文献查阅知识应用	20	仪器洗涤	5	填　空	20
课堂提问	10	设计方案	20	试剂称量	10	判　断	20
				试剂配制	10		
				试剂取用	10		
操作技能	30	实验操作	20	过　滤	10	选　择	20
				蒸　发	5		
				浓　缩	5		
实验报告：实验原理	5	实验结果	20	滴定操作	25	简　答	25
实验报告：现象数据记录	5						
实验报告：数据处理	10						
实验报告：问题的讨论	10					体　会	15
实验报告：误差的分析	10						
纪　律	5	实验论文	15	数据处理	10		
卫　生	5	科学态度	5	实验结果	10		

考核中平时成绩占总成绩的30%，为了确保成绩的合理公正，教师对每个学生的每个实验情况都作详细记录；设计实验体现学生的综合水平，所以占总成绩的35%；操作考试占总成绩的20%；实验理论考试占总成绩的15%。

五、结语

从教学效果看，这次尝试比较成功，充分调动了学生在实验过程中的主观能动性，不仅巩固了所学的理论知识，而且提高了学生分析问题、解决问题的能力。开设应用性、设计性实验，既发挥了学生的思维能力、组织能力，也让学生学会解决一些复杂的技术问题，从而激发了学生的创新精神，提高了实践的能力。同学们普遍反映，以前是被老师"牵着走"、"抱着走"，现在则是自己走，在做设计实验时，觉得自己在搞科研，有一种继续研究下去的冲动。据抽样调查显示，有98.6%的学生赞成这次改革，并给予高度的评价。

参考文献

[1]徐雅琴,王丽波.应化专业化学实验教学体系的构建[J].化工高等教育,2010(2):68—70.

[2]于宁,魏丹毅,夏亚莉,等.应用化学本科实验教学的实践和探索[J].高等理科教育,2008(3):103—105.

[3]张树永,张剑荣,陈六平.大学化学实验教学改革的基本问题和措施初探[J].大学化学,2009,24(4):24—28.

[4]李佑稷,欧阳玉祝,石爱华.浅谈基础化学实验教学体系的改革[J].实验科学与技术,2011,9(1):88—90.

[5]胡鑫,张大玲,高梅,等.生命科学导论教学中实施素质教育初探[J].高等农业教育,2010(8):75—76.

(作者为浙江工商大学食品与生物工程学院高级实验师)

物理化学教学改革的探讨与实践

谢湖均

20 世纪 90 年代初国际知名物理化学家、中科院唐有祺院士根据 20 世纪后半叶自然学科发展新态势做出一个著名论断:物理学与化学一起是当代自然科学的轴心。而物理化学是化学专业的一门重要基础课,它借助数学、物理等基础科学的理论及其提供的实验手段,研究化学体系最一般的宏观、微观规律和理论,是化学的理论基础。物理化学又是一门技术性很强的学科,通过物理化学学习,使学生懂得物理化学并不是一般的数学计算,更重要的是学会科学的分析和处理数据,从而提高分析问题和解决问题的能力,为以后的工作和科学研究打下坚实的基础。

由于物理化学理论性较强,内容较为抽象,教学双方对此都感到比较困难,成为化学专业中较难教学的一门课程。在培养“创造型”人才,注重培养学生的能力和综合素质的今天,提高物理化学教学质量是适应新形势科技进步与科学发展的需要。如何上好这门课并使学生感兴趣,真正掌握物理化学的学习方法,发展学生的思维能力和创新能力是我们进行物理化学教学改革的指导思想。

一、物理化学教学存在的问题

20 世纪末,教育部化学教学指导委员会颁发了“化学专业物理化学基本内容”,这成为物理化学改革纲领性文件,推动了物理化学教学改革的发展。当然,各院校的实际情况不同,改革力度不同,发展也不平衡,现在在物理化学教学中尚存在一些问题。

首先，从教学内容方面讲，科学在发展，而教学内容中关于物理化学前沿的科技知识以及其在工程技术中的应用涉及较少，缺乏时代气息。而前设课程无机化学和大学物理有许多内容与物理化学重复，分工不合理，造成学时浪费。其次，从教学方法的角度来说，现在面对的大学生与几年前截然不同，知识面宽是当代大学生的一个重要特征，教学方法的改进显得尤为迫切。采用传统教学法——讲授式教学，学生的主导性难以发挥，容易产生依赖感。再次，从人才培养目标看，在人才培养上要注重能力、素质的培养，特别是创新能力的培养。现在提倡的素质教育，其核心内容就是创新人才的培养，创新人才要有创新意识、创新思维和创新能力。

要培养大学生的创新能力，作为老师，教学思想、教学内容和教学方法就必须创新。通过物理化学教学改革，使学生轻松、全面、系统地掌握物理化学知识，并引导学生在掌握知识的同时，善思、敢想、有创见，是物理化学教学中必须面对和思考的问题。

二、教学内容的改革

对物理化学教学内容的改革，既要反映基础知识、技能和方法，又要反映21世纪所需的知识结构，要大幅度削减与学生前设课程无机化学和大学物理的重复内容。但对物理化学的基本概念、基础知识、基础理论及基本方法不但不减，而且要有所加强，适量地增加物理化学发展的最新动态和新知识，扩大学生的知识面，激发其学习兴趣和求知欲。

1.根据科技发展，更新教学内容

科学技术的发展在于创新人才的培养，创新人才的培养重在基础理论、基本技能的培养。物理化学作为基础理论课，其内容是相对稳定的，但科技日新月异的发展加快了科学知识的激增和科学概念的更新，如热力学、统计热力学发展到非平衡热力学，化学动力学扩展到微观反应动力学，现代物理化学的分析测试技术也飞速发展。教学内容的改革应当在删除陈旧、重复的内容，修正不科学的概念、原理和规则，继续加强必要的经典理论的同时，不断吸收现代科学发展的新成果，将近代新理论、新方法融汇于课程体系之中，这是两个相辅相成的重要方面。

2.避免重复，突出重点

在前设课程无机化学中，为了应用物理化学的结论，其内容有很多是介绍物理化学的知识及应用,几乎包括了物理化学内容的三分之一。考虑到实际情况,我们在教学中应尽量避免这种重复,可由各相关课程的任课教师共同商讨,在统一认识的基础上统筹安排,对教学内容进行合理分工,有机衔接,做到少而精,抓住重点与难点。在不影响知识系统性的情况下,教学实践中可将无机化学已讲授的部分内容让学生自学,再用较少的课时加以总结。如体系与环境、热和功、反应速率与反应级数等概念,化学反应与限度、平衡常数与浓度计算等在两门课程中基本相同,在物理化学课程的有关讲授中应注重这些知识的理论依据,而不是其理论的应用,这样既避免了重复教学,又使学生明确了学习重点,在较少的课时内获得较好的教学效果。教学内容的选择既要保持物理化学学科完整的知识体系,又要充分体现学科的发展趋势和最新研究成果,有利于学生牢固掌握物理化学的基本知识和基本原理,有利于学生创新精神和创新能力的培养。

3. 针对专业,选择讲授

物理化学涉及的面较广,与各学科领域相互渗透,且各学科领域对物理化学的需求也各有不同。因此我们的授课不能以同样模式、相同内容一概而论,需根据专业有所取舍、有所侧重。我们在充分了解食品学院现有四个专业特点的基础上,针对专业需求,选择物理化学的教学内容,对其有用的、相关的知识多讲或重点讲授,无用的知识则可删减,即有选择、有针对性地安排教学内容。这就使物理化学更贴近专业教学,更贴近生活,从而调动学生的学习积极性,也为其今后的专业发展和创新打好基础。

三、教学方法的改革

在教学方法上,我们注重改革已往的"填鸭式"教学模式。在教学中,我们要求学生重视课前预习和课后复习,这些良好习惯的养成,对于大学生逐步地过渡到独立学习有重要意义。在课堂上,我们组织学生在自学的基础上展开讨论,提高学生独立获得知识的能力。除了教学大纲所要求的内容以外,我们还经常给学生介绍对于某个问题学术界的各种争论、各种学术观点。鼓励他们去查阅资料,利用一些课外的时间组织学生们积极探讨,而这些有待探讨的问题恰恰是使这些大学生站到该学科前沿,激发他们创造意识和创新能力的最有价值的教学内容之一。教师传授知识,要强调学生的独立性和主动性,在教学活动中始终以学生为主体,有利于提高学生的学习能力,培养学生的创造性思维。

1. 提前复习数学等相关学科的知识

物理化学突出体现了现代化学数学化的趋势，很多重要的定义、基本原理、结论及其推论都可概括为数学公式，至于推导过程以及计算工具的运用更需要依靠大量的数学知识。近三年的教学经验表明，数学特别是微积分的概念及应用，是学习这门课程的关键，数学不好往往成为学好物理化学的障碍之一。虽然同学以前学过相关知识，但如不联系物理化学这门课程作必要的复习，往往会给学习掌握物理化学造成困难。

例如，在学习“多组分系统热力学”时，引入了偏摩尔量的概念。同学们初次接触这一概念时，常常将其理解成“某组分在混合系统中的摩尔量”。造成这一错误的重要原因，就是对以数学形式定义的偏摩尔量的概念理解不正确。这就要求在教学中，有意识地提前安排学生课后复习高等数学等相关知识，必要的话，教师还应在课堂上给同学简要复习、强调应用。

2. 加强对基本概念、基本规律的教学，建立知识框架

基本概念是任何一门课程的骨架，概念的引入是物理化学教学中的一个重要环节，好的概念引入可以激发学生的学习兴趣，加深学生对课程基本框架的把握，使他们的思路纳入正轨，这对于正确理解和掌握概念有着直接的影响。我们在物理化学教学中，应该采取合理的方法引入概念。

物理化学作为自然学科的基础学科，与我们的日常生活有着密切的联系。可以说这些直观材料是学生形成概念的基础，但是概念不能从直观材料的感知中直接得出，必须通过思维才能把感性认识上升到理性认识，这是认识中的一次飞跃，是使学生形成概念的关键一步。例如，热力学基本概念一章中，为了说明开放系统、封闭系统、孤立系统的概念，可以分别以热水瓶中的水为研究对象，在不加盖子(与外界存在物质和能量交换)，加上盖子且盖子不是绝对隔热(与外界没有物质交换，但有能量交换)，加上绝热的盖子(没有物质和能量交换)来形象地说明开放系统、封闭系统、孤立系统的概念，使学生头脑中产生深刻的印象，然后在教师的引导下，逐步形成系统的概念。

3. 更新知识、突出应用，培养创新思维

知识更新是时代的要求。在教材内容的更新上，应不断吸收现代科学发展的新成果，尽量反映学科的发展。众所周知，一切理论来源于实践，而一切理论

都要用实践加以检验,并用正确的理论指导实践。在物理化学中理论多、公式多,而这些理论抽象、难懂、运用困难,所以要使学生知道它的来龙去脉、相互联系、适用范围和实际应用。教授物理化学要用一些习题,习题最好从文献中的实际工作中选出,如可能应将实验过程简要说明,利用原实验中所测得的数据,要求学生计算整理,从而得出结论。同时还要通过实验这个关键性的环节来进一步加深对一些理论的理解,因为物理化学是集中讲授化学原理的课程,也是实验科学。虽然其他化学分支也讲授其有关的原理,但物理化学更集中、更抽象,必须消除物理化学不是实验科学而是数学科学的错误认识。

4. 利用课堂讨论,调动学生学习的积极性

在传统的物理化学课堂教学中,学生一般被动、机械地接受学习,几乎无兴趣可言。托尔斯泰曾经说过:“成功的教学,所需的不是强制,而是激发学生学习的兴趣。”由于兴趣是以需要为基础,在生活和实践过程中形成和发展起来的,因而,物理化学课堂教学中教育者要千方百计使理论教学密切联系学生的生活实际,使课堂教学变得形象直观、妙趣横生,从而有利于培养学生学习物理化学的积极性和创造性。

在物理化学教学中,采用课堂讨论的形式对传统的讲授方法进行改革,能够充分调动学生学习的积极性。在课堂讨论过程中,教师要深入学生,注意听取每一个学生的发言,对学生充分信任,鼓励学生发表创见,如果发现学生有独特的见解或新颖的观点,就请他上台讲解,以启发与引导大家一起来研究问题。在上课的时候,也可以把化学史和化学家史料融入课堂,激发学生的学习兴趣。物理化学的发展,离不开 Planck、Clausius、Nernst、Klevin、Langmiur、Gibbs、Arrhenius 等在科学上的建树,他们做出的伟大科学成就贯穿整个物理化学课程的主线。融入这些史料可增强学生的自豪感和使命感,让学生明白物理化学理论的来历,既可调节课堂气氛,提高学生对物理化学学科的兴趣,还可对学生进行科学品质教育。

5. 科学的评价体系的建立,利于学生思维的发展

物理化学课程公式多、理论性强、难度大。我们在教学中发现,学生通常只注意死记硬背公式,不注意知识的理解和综合运用。有的学生在考试中虽然得了高分,但是也并不说明他对这门课程有很好地理解和掌握。考试要注意考查学生独立地分析问题和解决问题的能力。因此,建立科学的评价体系就非常

必要。

在考试类型上,我们尽量减少那种套公式即可求解的题目,适当地增加了一些在实际工业生产中可能遇到的问题。另外我们鼓励学生查阅对于他们感兴趣的某个课题文献资料,提出自己的见解和看法,教师再给他们相应的客观评价,这样大大地激发了学生对物理化学这门理论课的兴趣。

6.加强教学与科研之间的结合

科研本身就是创新,实践性的科研要与理论教学联系起来。我们鼓励学生培养自己的科研兴趣,对于自己有兴趣的科研方向,鼓励他们利用图书馆、网络以及到工厂进行实际调查等多种渠道收集信息,广泛地查阅资料,了解本课题发展的前沿。此外,我们给学生提供了一些研究性实验的机会,从实验题目的选择、实验路线的制定到实验数据的分析,都由学生独立完成,这为学生将来的独立探索打下了良好的基础。目前,大二、大三的学生都能积极主动地参与到教师的科研工作当中。我们发现有些大学生对一些问题非常有兴趣,也敢于实践和探索。在科研尝试中,有些特别优秀的大学生还取得了一定的研究成果。通过这种方式,同学们在科研实践中提高了综合能力、创新能力。

通过近三年的物理化学教学实践,使我认识到,作为教师,应该在自己的教学实践中扎扎实实地去摸索和总结教改经验,不断完善。只有这样,才能从根本上促进教育思想观念的转变,真正提高教学质量。物理化学是一门基础理论性和实践性都很强的学科,是化学的带头学科,对化学、化工及环境类专业学科的专业基础理论的学习影响是巨大的,它在教学中占有极为重要的地位。只有与时俱进,努力调动学生的学习积极性,不断地改进教学方法,才能提高教学效果,强化教学质量,才能达到新世纪人才培养目标的要求。

参考文献

[1]唐万军,陈栋华,伍明,等.物理化学教学互动平台的建设与思考[J].学科教育,2009,8:443—444.

[2]傅献彩,沈文霞,姚天杨,等.物理化学:第五版[M].北京:高等教育出版社,2010.

[3]高盘良.物理化学类课程的作用与定位[J].中国大学教学,1999,6:24—25.

[4]Ira N. *Levine*. *Physical Chemistry* (*Second Edition*)[M]. McGraw—

Hill,Inc,1983.

[5]孙绵涛.高等教育学概论[M].武汉:华中师范大学出版社,1992.

[6]《化学方法论》编委会.化学方法论[M].杭州:浙江教育出版社,1989.

(作者为浙江工商大学食品与生物工程学院副教授,博士)

新形势下食品毒理学的课堂教学改革与实践

王彦波　傅玲琳　韩剑众

食品毒理学是研究食品中外源化学物的性质、来源与形成，它们的不良作用与可能的有益作用及其发生机制，并确定这些物质的安全限量和评定食品安全性的科学。食品毒理学作为食品质量安全专业重要的专业基础课程之一，其目的是为学生在食品毒理学的基本理论和实验方法的运用方面提供基础知识和基本技能，为学习本专业其他相关课程和了解我国有关食品安全性法规和标准打下必要的基础。随着社会经济的快速发展，人们生活水平逐年提高，食品中毒等安全事件也日益引起关注。浙江工商大学"食品质量与安全"专业是我国最早设立的该类专业之一，有近五十年的历史，为我国第三批高等学校特色专业建设点和浙江省、校重点建设专业，是国内食品质量安全人才培养及科学研究的重要基地。因此，如何在新形势下开展食品毒理学的课堂教学改革与实践，对于该专业学生的培养和食品质量安全的保障具有重要的意义，也只有这样，才能配合国家食品安全工程建设，培养出优秀的、适合未来发展的高素质人才。

一、课堂教学手段

课堂教学手段对于充分发挥教师和学生的作用，进一步完善教育发展观具有重要的意义。随着经济社会和现代教育的快速发展，面对新的教学任务和教师的客观要求，传统的教学手段已经在发生改变。特别是新形势下，食品安全事件频发，食品中毒屡有报道，引起了广泛的关注。这迫切需要每一位教育工作者认真研究新的教学手段，教学方法和评价体系，密切关注教学中的信息更新和变化。

1. 传统教学手段

教育学家普遍认为，教学方法和教学手段不能分开，两者是一个互相依赖、共存的整体。传统的教育方法包括讲授法、演讲法、板书法、讨论法、谈话法、演示法、布置作业法、课外辅导法、分角色扮演法等，这些方法在教学中起到了重要的作用。如讲授法，是一种最直接、最有效的教学方法。通过教师的讲授，不仅可以让学生减少探究时间，避免走弯路，而且有助于形成同一领域知识的系统性，有利于学生较快地形成相应的概念，理解和掌握相关的知识点。此外，通过讲授，可以培养学生扎实的基础，有助于基本技能的培养。由此可见，传统的教学手段和方法是在人类社会经济发展的历史中流传下来的，经过实践的不断筛选，被人们逐渐地认识和利用，因而即使在新形势下也具有重要的作用。食品毒理学在教学中，仍坚持了传统教学手段的融入，通过对典型食品安全案例的模拟，学生扮演不同的角色，以此作为互动最重要的环节，实践证明这不仅有助于学生对知识点的掌握，而且在提高学生学习兴趣上同样起到了重要的作用。

2. 现代教学手段

随着计算机、网络等现代科学技术的发展，多媒体技术已进入我国的教育领域，并作为现代教学手段得到迅速发展。与传统教学手段相比，现代教学手段有着独特的优势。首先，具有良好的交互性，通过网上平台，食品毒理学的答疑可以通过 E－mail 等网络工具来实现，以学生为中心，补充了课堂教学的局限性。其次，利用多媒体教学可以更好地激发学生学习的兴趣和动力。食品毒理学课堂教学课件在制作的过程中，融入了形象化和直观化的实例和动画，而且针对典型进行分析，并融入具体的视频，通过激起学生各种感官的参与，极大地调动了学生学习的积极性，课件还可以给学生放一些轻松的音乐或者与学习有关的有趣资料，寓教于乐，丰富了学生的知识面。然而，实践中发现，单纯的现代教学也存在不足之处，比如学生容易产生惰性，因为可以直接存储电子版的课件，所以学生上课不再认真记笔记，过度依赖教师的电子教案。上课过程中因为教师埋头操作电脑，因而与学生的交流和沟通就相应地减少了，学生比较容易“开小差”。鉴于此，结合笔者的课堂教学经验，传统的和现代的教学手段应该结合起来，各取所长，以学生为主体，把教师活动与现代技术整合到一个更加广泛的学习教学活动中。

二、课堂教学内容

课堂是育人的主渠道，课堂教学要能吸引学生，一定要有丰富的内涵。根据食品毒理学的教学目的和任务，课堂教学内容包括：食品毒理学的基本概念，食品外源化学物与机体相互作用的一般规律；食品外源化学物毒理学安全性评价程序和危险度评价的概念和内容；食品中各主要外源化学物（天然物、衍生物、污染物、添加剂）在机体的代谢过程中的变化和对机体的毒性危害及其发生机理。随着社会经济的迅速发展和全球生态环境的剧烈变化，这些变化通过食物链对食品质量和安全性的影响明显增大。鉴于此，食品毒理学的教学内容也需要不断扩充，这就要求教师不断地学习，及时补充新的内容和研究成果，以及相关的新的政策、法规。如近年来出现了兽药残留、苏丹红、禽流感以及三聚氰胺、瘦肉精、必要营养素过剩等新的食品毒理学问题，这就需要快速完善现有的食品毒理学教学内容，以适应社会发展的需要。

对于大学生来讲，在课堂上渴望学到的不是通过简单总结所得出的结果，而是提出问题、分析问题进而解决问题的方法。因此，可以结合存在的热点话题，借助于案例分析的形式，组织学生进行课堂讨论和分析，让课堂教学形成双向的，而不是单纯的教师传授，这样学生通过积极和充分参与教学过程，从而更深刻理解相关的理论，并迅速积累解决相关问题的能力。如介绍食品毒理学中每日允许摄入量和安全阈值的时候，结合热点“三聚氰胺毒奶粉事件”，通过前期准备，检索相关数据，让学生参与讨论和计算，得到相应的每日允许摄入量和安全阈值等指标，这样既巩固了所学的食品毒理学相关基本概念，又让学生更加深刻地理解“对食品中外源化学物来说，毒性大小在很大程度上取决于摄入的剂量”。

三、课堂教学实践

如何提高学校的教学质量和学生素质，是每一所大学的永恒主题。浙江工商大学从 1993 年开始，通过对部分学科课堂教学内容与方法的改革，逐步形成了“读、写、议”教学模式，目的是培养具有现代人才素质的创新型人才。活动以现代人才培养理念为指导，将阅读、写作和讨论三个基本环节纳入到课堂教学的内在组成形式中，构建了一种利于学生自主学习的教学模式。“读、写、议”教学模式使课堂教学和学生课外学习得到了有机结合，拓展了教师教学的空间，增强了学生学习的自主性和探究性，在培养学生的创新精神和创新能力方面取得了很好的效果。

食品毒理学经过几年的“读、写、议”课堂教学实践，证明了可以让学生自己去了解知识的产生与传播，并从中发现知识、掌握知识，充分体现了“以人为本”的教育理念。通过对学生访谈和问卷调查，结果显示，99%以上的同学认为“读、写、议”教学模式在培养学生创新精神与创新能力，提高他们自我实践的能力等方面是有所帮助的。此外，食品毒理学是一门兼基础性和应用性于一体的学科，立足于食品质量安全专业，既不同于医学院校的类似课程，也不同于动物科学学院的类似课程，有其独特的培养特色，因此实验教学在学生动手能力和创新意识的培养上具有重要的地位。鉴于此，我们开展了外源化学物剂型对其毒性作用的影响等系列课内试验，通过课前有意识地安排学生设计相关实验，然后学生根据自己制定的方案分组进行课内实验操作，评价各组的实验结果，最后进行组内和组间总结与反思。这样不仅使学生的知识、技能、情感、态度等方面得到充分发展，而且调动了学生自己动手的积极性，避免了过去“模仿”的弊端，从而实现了真正意义上的潜能激发，为培养高素质的食品质量安全人才奠定坚实的基础。

参考文献

[1]刘宁，沈明浩. 食品毒理学[M]. 北京：中国轻工业出版社，2005.

[2]王彦波，韩剑众. 食品毒理学的教学改革与实践[J]. 现代食品科技，2007，23(12)：95—97.

[3]费兰凤. 内隐学习理论对大学课堂教学模式的启发[J]. 长春师范学院学报：人文社会科学版. 2011，30(6)：167—169.

[5]宋国荣，吴斌，何存富，等. 在课堂教学中探索创新人才培养新模式[J]. 北京教育(高教版)，2006，10：44—45.

[6]赵云梅. 美国大学课堂教学活动中学生评价职能探析——佛罗里达大学为例[J]. 赤峰学院学报：科学教育版，2011，3(10)：252—254.

[7]孙满吉. 探讨提高大学课堂教学质量的有效途径[J]. 东北农业大学学报：社会科学版，2011，9(4)：71—72.

[8]关少化. 生命意义下的大学课堂教学[J]. 中国高教研究，2011，10：91—92.

[9]李定仁，徐继承. 课程论研究二十年[M]. 北京：人民教育出版社，2004.

（王彦波，浙江工商大学食品与生物工程学院副教授，博士，院长助理）

仪器分析实验教学改革的探讨

许　钢

一、引　言

实验教学是高等学校教育体系的重要组成部分，是学生创新能力培养的主要基地，也是实现应用型本科人才培养的重要途径。我院属理工科学院，仪器分析实验是食品科学、食品安全、生物工程、应用化学等专业的基础性课程，是仪器分析课程的重要组成部分，该课程既可以帮助学生巩固理论知识，又能激发学生的学习兴趣，提高学生分析问题、解决问题等综合能力。而仪器分析实验与分析化学实验相比，具有更强的理论性和实用性，是当代科学研究不可缺少的检测手段，它涉及化学、物理学和电子技术等相关学科。仪器分析实验课程包含实验基本操作技能的训练、实验方案的设计、图谱的解析以及实验数据的分析处理等。通过仪器分析实验教学，使学生能够学会仪器设备的基本操作方法，充分理解仪器设备的大致结构及各部分的作用、工作原理，掌握仪器分析方法的基本原理，从而进一步加深对课堂上所学到的理论知识的理解。

随着科学技术的迅猛发展，特别是社会的迫切需求推动了分析仪器的不断更新，这就要求教师必须不断更新教学理念，进一步改革教育方法和教育手段，使学生具备自我学习、自我更新、自我提高的能力。

二、仪器分析实验教育的现状及存在的问题

1.对仪器分析实验教学重要性认识不足

仪器分析实验是一门实践性相当强的课程。主要特点是:内容繁多,知识点散,抽象难懂,容易混淆;多学科交叉渗透,知识融会贯通以及知识和设备更新速度快。从目前的实验教学现状来看,对实验教学的重要性认识不足。目前的实验教学中,普遍存在重视知识的传承而忽视能力的培养,实验课大都附属于理论课。这门课程一般开课一学期,学时较少。长期的应试教育,也养成了学生重视理论课学习而轻视实验课学习,学院对仪器分析实验教学又不重视(现多为选修课),并且有些专业实验学分还在减少(如生物专业),而同样学分所花时间又较长,因此不能引起学生的足够重视,导致很多学生不选实验课,实验教师所处的地位被忽视,从而影响教学积极性。

2.仪器设备配置落后

由于大型仪器价格昂贵,使用和维护的成本较高,我院只能购买一些仪器配套使用的低值易耗试剂及器材,这导致仪器少、设备旧、维护贵、学生多的矛盾日益显著。实验教材通用性不强,各院校所拥有的仪器设备型号参差不齐,类型相同而型号不同的仪器操作起来也有较大的差别,导致学生预习针对性较差;另外仪器设备更新速度快,常常造成课堂传授的与实际工作岗位上所用的仪器型号脱节。这严重地影响了学生学习的积极性和对其动手能力的培养和锻炼。

3.教学手段单一,互动式教学受限

由于受实验室条件限制,无法将现代教学技术引入到实验教学中;授课方式仍然延续传统形式,以教师讲课为主,学生被动地按实验指导要求和操作步骤进行,无法进行互动式教学、研讨式教学。在这样的实验教学环境下,学生的创新意识、创新思维、创新能力的发展无疑是非常有限的,更不用说培养学生的创造性应用的能力。

三、仪器分析实验教学方法的改进

1. 首先要注重实验能力的培养

过去实验能力是被当做技能并以“知识”的形式来加以传授的，从而导致学生实验兴趣不高，应用能力低下，解决问题能力差。要把“把握科学发展脉络”、“注重实践动手能力和创新意识的培养”作为实验教学改革的发展方向，转变教学理念，凝练教学内容，将教师的科学研究引入实验教学，以科研促教学，通过增设一定数量的自主设计型实验和科学研究，提高学生的实验积极性。

2. 改革实验教学环境，提高实验效率

鉴于仪器设备台数偏少的实际情况，最大化地利用现有的教学资源，每个班分成小班，进行分批实验，一般 4—5 人一组，样品预处理与仪器分析交叉进行，尽量保证在每个实验过程中，每名学生都能够亲自动手操作，独立完成实验，老师始终在旁进行适时指导，提高实验效率。这虽然增加了老师的授课工作量和实验时间，但能让学生充分参与到实验中，避免被动服从，能够发挥学生的主体地位，同时也培养了学生的动手操作能力和独立思考能力以及解决问题的能力。

3. 规范实验基本操作，培养严谨的科学态度

(1)规范实验的基本操作程序。实验教学的目的之一就是培养训练高素质的应用型人才，基本操作和基本技能的训练更是重中之重。仪器分析实验是建立在各种操作技能基础上的实验项目，不但涉及大型精密仪器的操作使用，还涉及分析天平等常规仪器的使用以及对容量瓶、移液管等的基本操作。实验时，教师往往容易将注意力全部集中在巡视和指导学生使用精密仪器上，很少关注学生的基本操作。而这些看似简单的基本操作，往往可以左右实验结果的好坏，并可以进一步影响学生日后的科研活动，因为很多科研习惯和科研态度是在具体的实验操作中养成的。因此教师在实验课一开始便要注意实验中学生的操作细节，随时纠正错误或不规范的操作，培养良好的操作习惯，并在学生实验的原始数据处签字，不允许随便涂改原始数据，培养学生严谨的科学态度和实事求是的科研作风。

(2)注重实验的操作细节。当学生的实验出现问题或失败时帮助学生分析问题，强化学生操作的规范性，以便学生及时改正，进而加深他们的印象。如在

《荧光法测定维生素 B_2 的含量》实验时，在最大荧光波长处，学生测得维生素 B_2 系列标准溶液的荧光强度不呈线性增长。在仪器没有错误操作并运行良好的情况下，学生自行分析问题，觉得原因可能出在标准溶液的配制或比色皿的使用上。学生重新配制溶液后测定发现，数据虽有变动，但仍不吻合线性关系，而固定比色皿后，数据线性关系良好。由此，学生回想到是在更换溶液时为了加快实验速度而交替使用了二个比色皿而导致的，从而深刻地意识到，标准溶液配制的差异和比色皿之间读数误差都会影响到实验结果误差的大小，甚至是结果的正确性，在此后实验时他们的操作便会更严谨规范，而规范正确的操作技能为深入开展综合设计性实验以及开放性实验奠定了坚实的基础 。

4.改革实验课程考核评价体系，激发学生的实验积极性

在实验考核上以培养学生的能力为目标，注重实验过程，将考核贯穿于整个实验中，全面地评价学生的学习成绩，并加强实验分数所占比例。考核包括平时成绩、实验理论和实验操作三个部分。

(1)平时成绩。

平时成绩占30%。

主要内容包括：课前的预习、预习报告的书写、上课时的互动、课堂提问、实验操作等。

在此主要对课前预习、上课互动、实验操作做了较大的改革，按前所述4—5人一组，以小组为单位，让其充分讨论需做的实验，包括实验原理、实验方法、实验内容、仪器操作、注意事项等各方面；教师在上课前用10—15分钟时间以小组为单位进行有关本实验的提问，成绩以小组内成员最高分和最低分的平均分记，这样使同学为了不拖本小组的后腿，每个同学都会积极认真进行预习和操作，也可最大限度避免抄袭实验报告的现象。

(2)实验理论。

实验理论占20%。

主要内容包括：每个实验的实验原理、影响因素；仪器特点，各仪器适合分析的化合物或物理量；同类仪器的区别与联系(如光谱仪器、色谱仪器)，各仪器操作特点、注意事项，实验安全等。

(3)实验操作。

实验操作占50%。

主要内容包括：学生在实际操作中的规范性、实验数据处理、结合理论分析

问题和解决问题的能力。这些要求在上仪器分析实验的第一堂课时就要告诉学生，并贯穿在整个仪器分析实验课程的教学中。学生在实验操作考试中每人各自抽取试题，独立完成实验所要求的内容。这样的考核方法才能更好地反映学生的真实水平，使学生重视每一次实验的全过程，更好地培养学生的实验能力。

5. 利用现代教学手段提高教学效率

(1)利用多媒体教学。由于现代科学技术的飞速发展，学科之间相互交叉、相互渗透，新兴学科不断涌现，使分析仪器不断更新，仪器设备越来越趋于智能化，各种高灵敏度、高选择性、自动化、智能化、信息化和微型化的分析仪器与相关的新技术、新方法不断涌现，检测痕量与超痕量分析变为近代分析仪器的重要方向，成为 21 世纪分析化学发展的主流。

仪器不断更新以及新仪器不断出现，但先进的实验仪器价格昂贵，使得实验仪器数量少，更谈不上及时更新，仪器分析实验教学远跟不上仪器设备的更新、变化。为了使学生尽可能跟上现代仪器发展的步伐，教师在备课时可利用多媒体技术，介绍最新仪器设备的新功能、新技术、新特点，通过多媒体教学，可以使学生利用已有的仪器设备，根据新仪器的功能、特性，找出新旧仪器的操作区别与联系，从而达到举一反三的效果。这种方法只要有多媒体教室即可，缺点是无人机交流，感性认识不足。

(2)引进仿真模拟实验。实验课是理论课的有力补充，但大型、先进的实验仪器不但价格昂贵，而且分析操作要求精细，耗时耗力，使得仪器分析在实验教学时，不能像无机分析、有机实验那样，由学生单独进行操作，这在很大程度上制约了学生动手能力的培养。为了防止学生错误操作损坏仪器，实验课上通常都由教师事先设定好仪器运行的最佳参数，导致学生很难参与其中，严重抹杀了学生学习的兴趣和积极性，也使学生无法将理论更好地联系实际，温故知新，积累大量的感性认识，并进一步验证理论教学的内容，实现从感性认识到理性认识的质的飞跃。

为了缓解这一矛盾，可以借助计算机多媒体技术中的仿真模拟实验，如大连理工大学研制的《现代仪器分析模拟实验室》课件(I 版和 II 版)、西北工业大学研制的《现代化学分析技术》课件及其智能仿真课件，以上模拟课件几乎包括了仪器分析理论教学中的各种分析方法，将它们配合使用，详略得当，互为补充，借助多媒体人机交互性强的特性，对抽象、晦涩的理论，无法实地实景展示的仪器构造以及在现有实验条件和学时下无法进行的实验条件优化过程都可以进行形象逼真地演示和自主互助模拟操作。

通过模拟实验,学生可以简单了解各种仪器的大体操作步骤,初步掌握每种分析方法的原理和仪器构造,缓解理论知识滞后的问题。在改变实验条件进行优化模拟时,可以在短时间内进行反复模拟操作,通过观察实验数据和图像的变化,形成初步的感性认识,并通过错误操作时系统给出的提示,思考产生相应问题的原因,改变相应参数的设置,进而找到问题的症结所在。在教学中,还可根据相应的知识点,在实验报告中依据"分析—判断—解决"的思路设置各种思考题,让学生通过上机模拟各种参数条件进而找到答案。如原子吸收法测铜实验,实验前,学生可先进行上机模拟操作,根据提出的"燃烧器高度6.0mm时线性关系如何?试解释原因。实验时应如何设置?"等思考题,有目的性、有指导性地进行模拟,而当真正实验时学生就可以正确使用仪器,避免问题的产生。这种"参与式教学"的模式可大大加强学生的参与程度,很大程度上提高了学生学习的积极性以及分析问题、解决问题的能力,真正做到了启发式教学,并以小投资获得大收益。

四、结束语

仪器分析实验教学改革是仪器分析科学发展的迫切需要,若完全采用上述几项改革措施,可以有效地保证仪器分析实验课程的教学质量。我们深刻地体会到,以先进的教学理念为指导,以培养综合素质为核心,采用互动教学模式,进行全方位、多层次、立体化的实验教学改革,对培养创新型应用人才是至关重要的。为此,我们还需不断努力为培养具有创新精神和实践工作能力的高级专门人才贡献我们的力量。

参考文献

[1]庄京,彭卿,王训.谈基础化学实验教学改革的培养[J].大学化学,2010.1:13－15.

[2]鲁保富,郑春龙.实验体系与创新能力培养的探索与实践[J].高等理科教育,2005,6:107－109.

[3]谭平.地方高校应用型人才工程实践能力的培养[J].实验室研究与探索,2009,28(5):93－96

[4]钱晓荣,郁桂云,吴静,等.仪器分析实验教学体系改革研究[J].盐城工学院学报:社会科学版,2009,22(2):86－88.

[5]王瑞英.《仪器分析》实验教学改革的初步探讨[J].中国科技信息,2010(17):237－238.

[6]汪尔康.21世纪的分析化学[M].北京:科学出版社,2000:11－13.

[7]叶国健,宁满侠.仪器分析实验教学新模式——仿真教学与实际操作有机结合[J].东莞理工学院学报,2008,15(5):112－115.

(作者为浙江工商大学食品与生物工程学院高级实验师)

图书在版编目(CIP)数据

“工商融和”的食品专业人才培养模式创新及实践 / 邓少平主编. —杭州：浙江工商大学出版社，2012.1

ISBN 978-7-81140-477-7

Ⅰ. ①工… Ⅱ. ①邓… Ⅲ. ①高等学校—食品工业—人才培养—培养模式—研究—中国 Ⅳ. ①TS2

中国版本图书馆 CIP 数据核字(2012)第 033757 号

“工商融和”的食品专业人才培养模式创新及实践

邓少平 主编

责任编辑 任晓燕 孙一凡 蒋红群

封面设计 张 菁

责任印制 汪 俊

出版发行 浙江工商大学出版社

(杭州市教工路 198 号 邮政编码 310012)

(E-mail:zjgsupress@163.com)

(网址:http://www.zjgsupress.com)

电话:0571—88904980,88831806(传真)

排 版 杭州朝曦图文设计有限公司

印 刷 杭州杭新印务有限公司

开 本 710mm×1000mm 1/16

印 张 13

字 数 227 千字

版 印 次 2012 年 1 月第 1 版 2012 年 1 月第 1 次印刷

书 号 ISBN 978-7-81140-477-7

定 价 30.00 元

浙江工商大学出版社营销部邮购电话 0571—88804227